"十四五"职业教育国家规划教材

"十三五"职业教育国家规划教材

高等职业教育课程改革系列教材

"十三五"江苏省高等学校重点教材

（编号：2018-2-141）

NB-IoT应用技术项目化教程

主　编　朱祥贤　吴冬燕

副主编　陈晓磊　许燕萍　石红梅

参　编　张正球　林世舒

U0216828

机械工业出版社

本书是"1+X"传感网应用开发职业技能等级证书培训辅助教材。本书从窄带物联网（NB-IoT）技术应用层面出发，根据当前高职教育改革要求，采用项目教学方式进行编写，内容包括初次见面、STM32 微控制器的应用、轻量级操作系统 LiteOS 的应用、NB-IoT 通信测试、第三方连接管理平台、共享单车车锁设计、共享单车应用设计。本书注重学生技能训练，通过 7 个项目开展教学，每个教学环节包括教学导航、知识要点、实践环节、项目小结、思考题与习题，将理论知识贯穿于项目教学中，项目由易到难、由小到大、程序完整、知识全面。

为方便教学，本书有教学网站、电子课件、思考题与习题答案、模拟试卷及答案等教学资源，凡选用本书作为授课教材的老师，均可通过电话（010-88379564）或 QQ（3045474130）咨询。

图书在版编目（CIP）数据

NB-IoT 应用技术项目化教程/朱祥贤，吴冬燕主编．—北京：机械工业出版社，2019.9（2024.8 重印）
高等职业教育课程改革系列教材
ISBN 978-7-111-63855-1

Ⅰ.①N… Ⅱ.①朱… ②吴… Ⅲ.①互联网络-应用-高等职业教育-教材 ②智能技术-应用-高等职业教育-教材 Ⅳ.①TP393.4 ②TP18

中国版本图书馆 CIP 数据核字（2019）第 213164 号

机械工业出版社（北京市百万庄大街 22 号　邮政编码 100037）
策划编辑：曲世海　　　　　　　责任编辑：曲世海　冯睿娟
责任校对：王　欣　肖　琳　封面设计：马精明
责任印制：单爱军
北京虎彩文化传播有限公司印刷
2024 年 8 月第 1 版第 6 次印刷
184mm×260mm · 15.75 印张 · 384 千字
标准书号：ISBN 978-7-111-63855-1
定价：49.00 元

电话服务　　　　　　　　　网络服务
客服电话：010-88361066　　机　工　官　网：www.cmpbook.com
　　　　　010-88379833　　机　工　官　博：weibo.com/cmp1952
　　　　　010-68326294　　金　书　网：www.golden-book.com
封底无防伪标均为盗版　　机工教育服务网：www.cmpedu.com

关于"十四五"职业教育国家规划教材的出版说明

为贯彻落实《中共中央关于认真学习宣传贯彻党的二十大精神的决定》《习近平新时代中国特色社会主义思想进课程教材指南》《职业院校教材管理办法》等文件精神，机械工业出版社与教材编写团队一道，认真执行思政内容进教材、进课堂、进头脑要求，尊重教育规律，遵循学科特点，对教材内容进行了更新，着力落实以下要求：

1. 提升教材铸魂育人功能，培育、践行社会主义核心价值观，教育引导学生树立共产主义远大理想和中国特色社会主义共同理想，坚定"四个自信"，厚植爱国主义情怀，把爱国情、强国志、报国行自觉融入建设社会主义现代化强国、实现中华民族伟大复兴的奋斗之中。同时，弘扬中华优秀传统文化，深入开展宪法法治教育。

2. 注重科学思维方法训练和科学伦理教育，培养学生探索未知、追求真理、勇攀科学高峰的责任感和使命感；强化学生工程伦理教育，培养学生精益求精的大国工匠精神，激发学生科技报国的家国情怀和使命担当。加快构建中国特色哲学社会科学学科体系、学术体系、话语体系。帮助学生了解相关专业和行业领域的国家战略、法律法规和相关政策，引导学生深入社会实践、关注现实问题，培育学生经世济民、诚信服务、德法兼修的职业素养。

3. 教育引导学生深刻理解并自觉实践各行业的职业精神、职业规范，增强职业责任感，培养遵纪守法、爱岗敬业、无私奉献、诚实守信、公道办事、开拓创新的职业品格和行为习惯。

在此基础上，及时更新教材知识内容，体现产业发展的新技术、新工艺、新规范、新标准。加强教材数字化建设，丰富配套资源，形成可听、可视、可练、可互动的融媒体教材。

教材建设需要各方的共同努力，也欢迎相关教材使用院校的师生及时反馈意见和建议，我们将认真组织力量进行研究，在后续重印及再版时吸纳改进，不断推动高质量教材出版。

机械工业出版社

前 言 PREFACE

　　窄带物联网（Narrow Band Internet of Things，NB-IoT）技术是物联网领域一个新兴的技术，支持低功耗设备在广域网的蜂窝数据连接，也被称为低功耗广域网（LPWAN）。NB-IoT构建于蜂窝网络，只消耗大约180kHz的带宽，可直接部署于GSM网络、UMTS网络或LTE网络，可以降低部署成本，实现平滑升级。NB-IoT支持待机时间长、对网络连接要求较高的设备的高效连接，同时还能提供非常全面的室内蜂窝数据连接覆盖，具有覆盖广、连接多、速率快、成本低、功耗低、架构优等特点。

　　随着窄带物联网技术应用的快速发展，亟须大量的高素质高技能人才，高职院校是培养高技能人才的主阵地，我们有责任及时调整专业人才培养方案，适时做好与窄带物联网技术产业发展的对接。本书正是在这样的背景下，根据NB-IoT技术应用要求及高职学生学习特点，采用项目教学方式进行编写。本书在遴选学习项目过程中，调研了多个相关技术企业和应用场景，结合当前全国"智慧城市"的推进，并考虑到企业技术背景和规模，最终选择了华为技术有限公司的NB-IoT相关技术，主要原因是它具备应用范围广、适用性强、可复制等特点。

　　本书是响应国家职业教育教材改革对接新技术、新产业的要求，根据新一代信息技术产业对技术技能人才的需求，采用华为技术有限公司自主研发的Lite OS系统构建实训项目和任务，有利于学生今后工作岗位的无缝对接，提高高等职业教育的适应性。

　　本书由朱祥贤、吴冬燕担任主编，陈晓磊、许燕萍、石红梅担任副主编，北京新大陆时代教育科技有限公司张正球、林世舒参与编写。

　　由于编者水平有限，书中难免有错误和疏漏之处，恳请读者提出宝贵意见。

编　者

二维码索引

目 录 CONTENTS

项目1 初次见面

教学导航

本项目采用任务式的组织方式，从蜂窝物联网引出窄带物联网 NB-IoT 的概念，继而介绍 NB-IoT 的关键技术、系统构架、网络部署、NB-IoT 产品测试等内容，在此基础上介绍 NB-IoT 在各行业中的典型应用。通过任务实训，让学生建立起对 NB-IoT 的直观认识，为后续项目的学习打下扎实基础。

知识目标	1. 了解蜂窝物联网的概念 2. 熟悉 NB-IoT 的概念 3. 熟悉 NB-IoT 的物理层基础 4. 掌握 NB-IoT 的关键技术 5. 掌握 NB-IoT 网络部署的三种方式 6. 掌握 NB-IoT 在行业中的典型应用
能力目标	1. 能完成 NB-IoT 信号的测试 2. 会绘制 NB-IoT 网络体系架构 3. 会分析 NB-IoT 在行业中的实际应用
重点、难点	1. NB-IoT 网络标准体系 2. NB-IoT 网络部署 3. NB-IoT 产品测试
推荐教学方式	了解蜂窝物联网、窄带物联网的发展历程，结合 NB-IoT 实物演示让学生对窄带物联网有直观认识。引导学生通过查阅资料，了解 NB-IoT 行业情况，掌握 NB-IoT 部署等内容
推荐学习方式	认真完成每个任务实训，通过实训项目动手操作，将理论与实践相结合，理解 NB-IoT

任务 1.1 NB-IoT 关键技术初探

本任务旨在让学生了解蜂窝物联网及其演进过程，认识构建蜂窝物联网的窄带物联网（Narrow Band Internet of Things，NB-IoT），掌握 NB-IoT 的典型特点。在此基础上让学生深入了解 NB-IoT 的关键技术，为后续 NB-IoT 标准体系的学习打下基础。

1.1.1 揭开蜂窝物联网的面纱

1. 经典物联网系统构架

经典的物联网系统架构模型是三层结构，从下往上依次是感知层、传输层和应用层。其中感知层以传感器设备、控制器设备为主；传输层包含负责数据通信的通信网络、物联网网关、路由和接入服务器等；应用层则包含了应用和云服务。基于蜂窝物联网的物联网应用系统架构如图 1-1 所示。

蜂窝网络是物联网系统的重要选择。蜂窝网络的网络覆盖率高，连接简单，服务质量好，这些优点推动了移动互联网的大发展。以移动互联网为原型，物通过两种方式连接到网络：一种方式是物直接作为蜂窝移动终端连接到应用层，典型的有移动 POS 机；另一种方式是物间接连接到互联网，如把蜂窝终端作为一个接入点连接到互联网，典型的有蓝牙设备通过手机连接互联网，或者传感

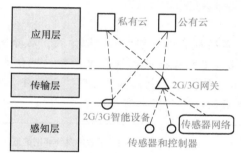

图 1-1　基于蜂窝物联网的物联网应用系统架构

器网络设备通过一个 2G/3G 的物联网网关连接到互联网。

2. 蜂窝物联网的演进

从 2000 年以来，物联网迅猛发展，新的通信需求涌现，尤其是 M2M 的通信需求是蜂窝网络的短板，一时间 ZigBee、Z-Wave、6LoWPAN、WiFi、蓝牙、LoRa 等通信技术纷纷涌来填补空白。

LTE（Long Term Evolution，长期演进）是由 3GPP 制定的，基于 2G/3G 蜂窝网络演进出的一组全球标准。4G 网络就是指符合 LTE/LTE-A 标准的蜂窝网络。4G 网络的速率有了较大提升，理论值为 150Mbit/s，网络延迟也有较大减小，理论上单向通信可以达到毫秒级。LTE-M（LTE-Machine-to-Machine）是为了满足物联网应用需求而制订的一组技术标准，在 R12 中称为 Low-Cost MTC，在 R13 中被称为 LTE enhanced MTC（eMTC）。

在 2016 年，3GPP 又制订了另一个面向物联网的标准，即窄带物联网（NB-IoT）标准。随着 5G 蜂窝网络技术的成熟，物联网应用的系统架构还会不断演进。LTE 4G、eMTC、NB-IoT 的发展，丰富着物联网终端设备的接入方式，在垂直方向上形成了不同的接入网，向下支持大量不同种类的物联网设备的连接。移动边缘计算和云计算的发展，则在水平方向上形成了更多的功能层级，向上支持连接大量不同的云服务、大数据和人工智能等上层系统。

5G 时代的物联网应用将会延续碎片化特征，其物联网参考系统架构应包含感知层、传输层、边缘资源层、服务管理层和应用层，蜂窝物联网参考系统架构如图 1-2 所示。

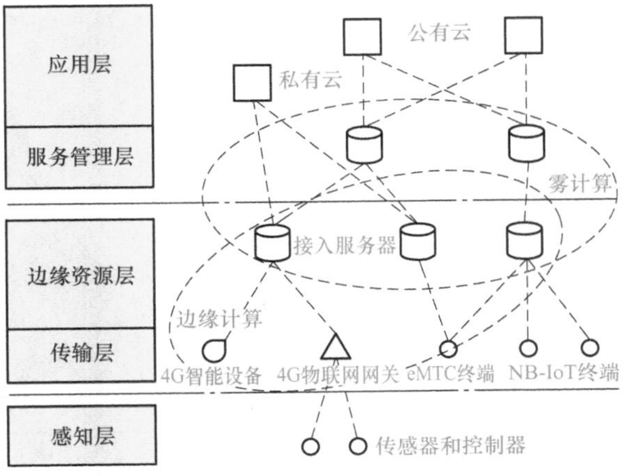

感知层的主体依然是传感器和控制器，但是将不需要像 ZigBee 那样先组成通信子网，甚至不需要先连接到 WiFi 热点，蜂窝网海量的连接容量和通信部分的低功耗特性，使得终端设备的软硬件开发、部署、运维等方面都出现显著差异。

图 1-2 蜂窝物联网参考系统架构

传输层这个名称可以保留是因为数据通信依然是物联网应用系统需要考虑的。一个方面，通信已经成为影响终端设备的供电、外形、使用方式甚至部署位置的因素。另外，部分存储和计算能力被下放到边缘设备中，越来越多的系统会考虑在终端或者在通信中完成数据处理、缓存、安全和权限等功能。

边缘资源层是物联网的网络边缘，其主要功能是设备接入。设备接入网络以后，就变成了可交互的数字资源，在这个过程中可能会涉及协议匹配、身份识别、通信安全等多个方面功能。理想情况下，边缘资源层还包括了电信运营商提供的网络、运算与存储资源，部分轻量级的 M2M 通信可以在这个层级实现，而不占用核心网络的资源。

服务管理层是承上启下的一层，向上对接云服务等上层资源，向下对接原始数据、虚拟设备等下层资源管理，可以完成一些简单的物联网应用，甚至可以定义为区域版的云服务，因此可能包含接口发现、功能聚合、认证和权限、资源使用管理、设备管理和监控等功能。

最上层是应用层，实际上包括有很多内容：物联网中间件、云服务、大数据、人工智能、垂直应用和移动应用等，也包括了公有云和私有云的应用。

1.1.2 一起来认识 NB-IoT

截至 2015 年底，国内三大运营商的物联网连接用户数总计已接近 1 亿户，2016 年国内物联网行业的整体收入超过 1 万亿元。如今物联网技术在行业应用的比例逐年提高，渗透到生产制造、交通物流、健康医疗、消费电子、零售、汽车等应用行业。万物互联的时代正以极其迅速的脚步走进人们的生活。

1. NB-IoT 的演变

物联网的无线通信技术很多，主要分为两类：一类是 Zigbee、WiFi、蓝牙、Z-wave 等短距离通信技术；另一类是 LPWA（Low-Power Wide-Area Network，低功耗广域网），即广域网通信技术。LPWA 又可分为两类：一类是工作于未授权频谱的 LoRa、SigFox 等技术；另一类是工作于授权频谱下，3GPP 支持的 2G/3G/4G 蜂窝通信技术，比如 EC-GSM、LTE Cat-m、NB-IoT 等。

物联网接入的网络传输速率分类示意图如图 1-3 所示。

由图 1-3 可知，高速率业务主要使用 3G、4G 技术；中等速率业务主要使用 GPRS 技术。

低速率业务目前还没有很好的蜂窝技术来满足，而它却有着丰富多样的应用场景，很多情况下只能使用 GPRS 技术做支撑。

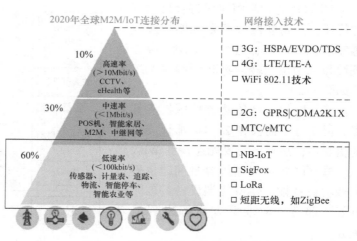

图 1-3　按网络传输速率分类示意图

所以基于对蜂窝物联网这一趋势和需求的敏锐洞察，华为与业内有共识的运营商、设备厂商、芯片厂商一起开展了广泛而深入的需求和技术研讨，并迅速达成了推动窄带蜂窝物联网产业发展的共识，NB-IoT 研究正式开始。NB-IoT 标准历经多年的发展，也逐渐趋于成熟。

2. NB-IoT 的特点

NB-IoT 成为万物互联网络的一个重要分支。NB-IoT 构建于蜂窝网络，只消耗大约 180kHz 的带宽，可直接部署于 GSM 网络、UMTS 网络或 LTE 网络，可降低部署成本，实现平滑升级。

NB-IoT 是 IoT 领域一个新兴的技术，支持低功耗设备在广域网的蜂窝数据连接，也被称为低功耗广域网。NB-IoT 支持待机时间长、对网络连接要求较高的设备的高效连接。NB-IoT 设备电池寿命可以提高至少 10 年，同时还能提供非常全面的室内蜂窝数据连接覆盖。

NB-IoT 具备四大特点：一是广覆盖，将提供改进的室内覆盖，在同样的频段下，NB-IoT 比现有的网络增益高 20dB，相当于提升了 100 倍覆盖区域的能力；二是具备支撑连接的能力，NB-IoT 一个扇区能够支持 10 万个连接，具有低延时敏感度、超低设备成本、低设备功耗和优化的网络架构；三是更低功耗，NB-IoT 终端模块的待机时间可长达 10 年；四是更低的模块成本，企业预期的单个连接模块不超过 5 美元。NB-IoT 四大特点如图 1-4 所示。

NB-IoT 聚焦于低功耗广盖物联网市场，是一种可在全球范围内广泛应用的新兴技术。NB-IoT 使用授权频段，可采取带内、保护带或独立载波三种部署方式，与现有网络共存。

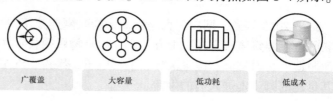

图 1-4　NB-IoT 四大特点

因为 NB-IoT 自身具备的低功耗、广覆盖、低成本、大容量等优势，使其可以广泛应用于多种垂直行业，如远程抄表、资产跟踪、智能停车、智慧农业等。

1.1.3　看一看 NB-IoT 关键技术为何物

NB-IoT 是万物互联网络的一个重要分支，它基于传统的蜂窝网络、移动通信网络建设而成，其关键应用技术包括很多，比如传感器技术、单片机技术、移动通信技术等。由于

NB-IoT 属于互联网范畴，本任务重点介绍网络关键技术，即多输入多输出技术、自适应技术和多载波聚合传输技术。

1. 多输入多输出技术

NB-IoT 可以利用多天线技术抑制信道传输衰弱，获得分集增益、空间复用增益和阵列增益，在发送端和接收端均采用多天线实现信号同时发送和接收，因此就形成了一个并行的多空间信道，充分利用空间信道传输资源，在不增加系统带宽和天线发射总功率的条件下提供空间分集增益，在多径衰落信道中提高传输的可靠性，即实现信息的多输入多输出，NB-IoT 多输入多输出技术如图 1-5 所示。

NB-IoT 的多输入多输出技术还采用了预编码或波束成形技术，可以确保一个或多个指定方向上的能量形成一个阵列增益，允许在不同方向上的多个用户同时获得服务，NB-IoT 的多输入多输出技术可以突破传统的单输入单输出信道容量存在的瓶颈问题，充分利用空间信道的弱相关性形成空间复用增益，在多个相互独立的空间信道上传递不同类型的数据流，不需要增加物理带宽，就可以成倍地增大 NB-IoT 的容量。

图 1-5　NB-IoT 多输入多输出技术

2. 自适应技术

自适应技术是现代无线通信的一个重要标志，NB-IoT 采用自适应技术，可以保证通信质量达到最优化，根据信道传输环境的变化，适时地改变 NB-IoT 的发送、接收参数。目前常用的自适应技术包括自适应资源分配技术、自适应编码调制技术、自适应功率控制技术和自适应重传技术。NB-IoT 采用自适应技术，可以利用最新的理论和技术，为 NB-IoT 提供一个全方位的自适应系统，实时地感知人为、自然噪声和频率干扰，实时分析信道的通信特性，识别干扰等级，动态地优化 NB-IoT。

3. 多载波聚合传输技术

NB-IoT 采用的多载波聚合传输技术，是一种正交频分复用技术，可以将信道划分为多

个正交的信道，能够将一个高速数据流分
解成并行的多个低速子数据流，然后将这
些数据调制到信道上，实现信息传输。正
交信号可以在接收端实现分离，避免各个
信道之间的相互干扰，由于信道相关带宽
大于子信道的信号传输带宽，每一个子信
道都可以作为平坦性衰落，消除了各个符
号之间的干扰。NB-IoT采用多载波聚合传
输技术，不仅可以实现高速率数据传输，
同时也可以解决频率不足等问题。NB-IoT
多载波聚合传输技术应用如图1-6所示。

图1-6　NB-IoT多载波聚合传输技术应用

1.1.4　任务实训

实训内容：体验并设计智能照明系统。

具体步骤如下：

步骤1：打开浏览器（建议火狐浏览器），输入平台网址（http：//120.77.205.98：10002/#/main/index），进入平台登录页，输入系统管理员账号、密码，进入到平台首页，平台登录页如图1-7所示。

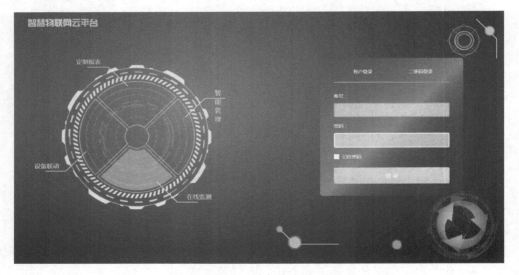

图1-7　平台登录页

步骤2：在平台主页，可以选择区域进行路灯的控制，如图1-8所示，单击右下角的"开启"按钮即可打开路灯，单击"关闭"按钮即可关闭路灯，单击"更多"按钮可选择路灯的模式，模式选择如图1-9所示，选择不同的模式，路灯会以不同形式展现。单击"查看设备心跳"按钮可查看设备的心跳曲线，设备心跳曲线如图1-10所示。

步骤3：安装好物联云APP，打开APP，进入到登录页，登录页如图1-11所示。

步骤4：输入账号、密码登录后进入APP主页，主页如图1-12所示。

图 1-8 主页

图 1-9 模式选择

步骤 5：单击"报装"进行路灯的添加；单击"群控"对所有的路灯进行统一控制；单击"路灯排序"进行路灯的排序；单击"模式"进行路灯模式的选择，如图 1-12 所示。

步骤 6：单击主页右上角查看消息，消息如图 1-13 所示，单击主页左上角的定位按钮可选择区域，区域选择如图 1-14 所示。

步骤 7：当路灯发生异常时，会在告警消息中体现，并且会语言播报出来。选择了区域之后单击"确定"按钮，跳转到设备页面，控制界面 a 如图 1-15 所示。

步骤 8：单击之后进入到路灯控制界面，控制界面 b 如图 1-16 所示，单击"开启"按钮可打开路灯，单击"关闭"按钮可关闭路灯，单击"亮度"可对路灯的亮度进行调节。

图 1-10 设备心跳曲线

图 1-11 登录页

图 1-12 主页

图 1-13 消息

图 1-14 区域选择

步骤 9： 验证实验，路灯灯光的亮度可以正常调节。

图 1-15 控制界面 a

图 1-16 控制界面 b

任务 1.2 认识 NB-IoT 网络标准体系

本任务在读者了解 NB-IoT 的基础上，引导读者进行 NB-IoT 网络标准体系的学习，掌握 NB-IoT 系统端到端的架构，了解 NB-IoT 上行物理层和下行物理层结构。

1.2.1 NB-IoT 系统架构

NB-IoT 端到端系统架构如图 1-17 所示。

终端（User Equipment，UE）：通过空口连接到基站 eNodeB。

无线网侧：包括两种组网方式，一种是整体式无线接入网（Single RAN），其中包括 2G/3G/4G 以及 NB-IoT 无线网；另一种是新建 NB-IoT 无线网，主要承担空口接入处理、小区管理等相关功能，并通过 S1-lite 接口

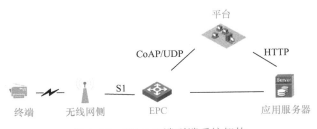

图 1-17 NB-IoT 端到端系统架构

与 IoT 核心网进行连接，将非接入层数据转发给高层网元处理。

核心网（Evolved Packet Core，EPC）：承担与终端非接入层交互的功能，并将 IoT 业务相关数据转发到 IoT 平台进行处理。

平台：目前以电信平台为主。

应用服务器：以电信平台为例，应用服务器通过 http/https 协议和平台通信，通过调用平台的开放 API（应用程序接口）来控制设备，平台把设备上报的数据推送给应用服务器。平台支持对设备数据进行协议解析，转换成标准的 json 格式数据。

1.2.2 NB-IoT 物理层基础

对于通信系统来说，最底层是物理层，它直接关联通信的双工方式，另外还决定了资源分配的基本原则。理解好物理层结构是理解后续技术细节的基础。

物理层结构包含两块，一是频域结构，一是时域结构，实际工作中我们说物理层帧结构也就基本等同于在说物理层结构。

1. 下行物理层结构

根据 NB-IoT 的系统需求，终端的下行射频接收带宽是 180kHz。由于下行采用 15kHz 的子载波间隔，因此 NB-IoT 系统的下行多址方式、帧结构和物理资源单元等设计尽量沿用了原有 LTE 的设计。

频域上：NB-IoT 占据 180kHz 带宽（1 个 RB⊖），有 12 个子载波（subcarrier），每个子载波间隔（subcarrier spacing）为 15kHz，频域示意图如图 1-18 所示。

时域上：NB-IoT 一个时隙（slot）长度为 0.5ms，每个时隙中有 7 个符号（symbol），时域示意图如图 1-19 所示。

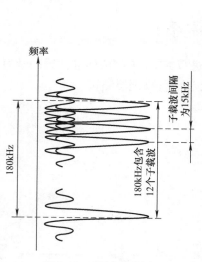

图 1-18　频域示意图

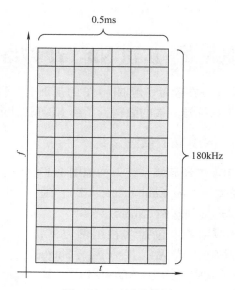

图 1-19　时域示意图

NB-IoT 基本调度单位为子帧，每个子帧 1ms（2 个时隙），每个系统帧包含 1024 个子帧，每个超帧包含 1024 个系统帧。这里解释下，不同于 LTE，NB-IoT 中引入了超帧的概念，超帧结构用来限定设备对信道的访问时间，原因就是以前在谈到小功耗特点时候讲过的 eDRX，为了进一步省电，扩展了寻呼周期，终端通过少接寻呼消息达到省电的目的。

下行物理层帧结构如图 1-20 所示。

⊖　RB 表示资源块。

2. 上行物理层结构

频域上：占据 180kHz 带宽（1 个 RB），可支持两种子载波间隔。

1）15kHz：最大可支持 12 个子载波。因为帧结构与 LTE 保持一致，只是频域调度的颗粒由原来的 PRB 变成了子载波。

2）3.75kHz：最大可支持 48 个子载波。如果是 3.75kHz 的话，有两个好处：一是 3.75kHz 相比 15kHz 有相当大的功率谱密度（PSD）增益，这将转化为覆

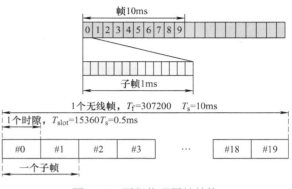

图 1-20　下行物理层帧结构

盖能力；二是在仅有的 180kHz 的频谱资源里，将调度资源从原来的 12 个子载波扩展到 48 个子载波，能带来更灵活的调度。

3.75kHz 子载波间隔只支持单频传输，而 15kHz 子载波间隔既支持单频传输又支持多频传输。

支持两种模式：

1）Single Tone——1 个用户使用 1 个载波，针对 15kHz 和 3.75kHz 的子载波都适用，特别适合 IoT 终端的低速应用。

2）Multi-Tone——1 个用户使用多个载波，仅针对 15kHz 子载波间隔。特别注意，如果终端支持 Multi-Tone 的话，IoT 终端需要告诉网络能够支持多通道的能力，否则网络不会给终端启用 Multi-Tone 功能。

时域上：对于 NB-IoT 来说，上行因为有两种不同的子载波间隔形式，其调度也存在非常大的不同。NB-IoT 在上行中根据子载波的数目分别制订了相对应的资源单位（Resource Unit，RU）作为资源分配的基本单位。基本调度资源单位为 RU，各种场景下的 RU 持续时长、子载波有所不同。理解 RU 的时候应该注意到：时域、频域两个域的资源组合后的调度单位才为 RU。

1.2.3　NB-IoT 网络部署

NB-IoT 提供了 3 种部署方式，分别是独立部署（Stand-alone）、保护带部署（Guard-band）以及带内部署（In-band）。

1. 独立部署

独立部署主要是利用现网空闲频谱或是新的频谱部署 NB-IoT，频带宽度为 200kHz，适合 GSM 和 CDMA 频段重耕。这种方法具有相对灵活的容量扩展性，同时具有独立的高发射功率，下行速率也比较高。独立部署如图 1-21 所示。

2. 保护带部署

保护带部署主要体现在 NB-IoT 工作在 LTE 系统中边缘的保护带。这种方式容量扩展比较困难，同时还降低了 LTE 的信噪比。保护带部署如图 1-22 所示。

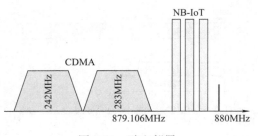

图 1-21　独立部署

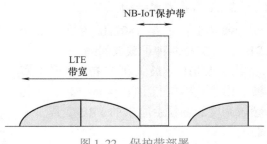

图 1-22　保护带部署

3. 带内部署

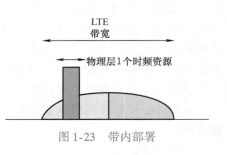

图 1-23　带内部署

带内部署主要的优点是容量扩展非常灵活，发射功率较高，但是影响 LTE 的网络容量，而且还使网络覆盖受限。因为这种方式占用 LTE 带内一个 RB 的带宽部署 NB-IoT。在这种方式下，两个系统的频带相邻就会存在频率干扰。为了避免这种干扰现象，NB-IoT 技术的发射功率应该低于 LTE 功率谱密度的 6dB。带内部署如图 1-23 所示。

独立部署、保护带部署、带内部署在频谱、共存、小区峰值速率、覆盖、容量等方面的差异比较见表 1-1。

表 1-1　独立部署、保护带部署、带内部署比较

部署方式	频　谱	共　存	小区峰值速率	覆　盖	容　量
独立部署	频谱独占，不存在与现有系统共存问题	与 GSM 共站共存，需 200kHz 保护间隔，与 CDMA 需 285kHz	下载 130kbit/s 上传 240kbit/s	MCL[2] > 164dB 重发次数少，速率高	119234 个/小区随机接入容量受限
保护带部署	需考虑与 LTE 共存问题，如干扰规避、射频指标等	NL[1] 共站无需保护间隔	下载 130kbit/s 上传 240kbit/s	MCL > 164dB 重发次数多，速率高	34447 个/小区寻呼容量受限
带内部署	需考虑与 LTE 共存问题，如干扰规避、射频指标等	NL 共站无需保护间隔，但需要避开 PDCCH、PRS 等	下载 95kbit/s 上传 240kbit/s	MCL > 164dB 重发次数多，速率低	18201 个/小区下行业务信道受限

① NL 指 NB-IoT 和 Lte。

② MCL 指最小耦合损耗。

下面，来了解三大运营商在 NB-IoT 网络部署方面的策略与进程。

1. 中国电信

在国内三家运营商中，中国电信对待 NB-IoT 是较积极、较坚定，也是布局较早的，目

前来看也是商用进程较快的。

中国电信没有 2G，电信的 3G 又是窄带 CDMA（比 TD-SCDMA 和 WCDMA 都窄），非常容易进行频率重耕。电信支持 FDD 的 4G 基站，若实现 NB-IoT 网络建设，可直接在 4G FDD 基站上升级实现部署。基于 4G 全覆盖网络部署，有移动网络的地方均可提供物联网服务。在 3GPP NB-IoT 核心标准冻结后，电信迅速采取了行动，抢先进行布局，并联合厂商开展了 NB-IoT 业务的实验室测试，包括无线侧、核心侧及终端互联互通测试。

2017 年 1 月，"中国电信 NB-IoT 企业标准"发布，这一全球首发的可测试、可建设、可商用的全套 NB-IoT 企业标准，意味着中国电信打造世界领先 NB-IoT 网络取得了突破性进展，有力推动了 NB-IoT 的技术完善和网络、终端产业成熟。

中国电信通过提前布局、标准跟踪、外场试验、版本发布、商用部署等几个步骤，目前已具备提供新一代物联网的全面能力。

在与合作伙伴的一些生态构建方面，电信也已经有了一些非常实质性的进步。与 ofo 签署了战略合作协议，与深圳水务集团签订了 NB-IoT 智慧水务建设计划，联合发布的全球首个 NB-IoT 物联网智慧水务商用项目成功上线，这是 NB-IoT 技术应用于水务领域的一个重要里程碑，也是 NB-IoT 迈入试商用阶段的一个里程碑，目前已有近 1200 块"智慧水表"投入使用。

电信与海信在智能家居领域展开合作。基于电信 NB-IoT 的网络，电信协助海信、海尔来满足家居未来"永在线"的需求，避免了 WiFi、蓝牙因距离太远，网络覆盖不到，从而无法连接的尴尬情况。此外，电信还联合高通、华为、中兴等 12 家单位，共同发起成立天翼物联产业联盟，预计到 2020 年，联盟将吸纳超过千家会员，吸引至少千万投资基金。

依赖这个全球覆盖最广的 NB-IoT 网络，电信对其进行集约化专业运营，采用网络、码号、卡、资费等手段实现业务隔离，打造创新业务模式，比如区分流量、频次、生命周期、服务等级的资费模式，激活 NB-IoT 的发展空间。目前这些业务方面的工作都在全面系统地规划准备中，将伴随网络建成正式发布。

2. 中国联通

和中国电信一样，中国联通对待 NB-IoT 同样态度积极。中国联通率先在上海启动 NB-IoT 网络试商用，但是在整体推进节奏上中国联通慢于中国电信。

建设 NB-IoT 网络，联通同样可直接在 4G FDD 基站上升级实现部署。但是联通的情况要复杂多了，因为联通 900MHz 频谱资源带宽只有 6MHz，网络建设大大受限，不得不将超过 80% 的 NB-IoT 基站部署在 1800MHz 频段。而 1800MHz 频段覆盖范围比 800MHz 和 900MHz 小很多，且 1800MHz 的 NB-IoT 产业链并不成熟。同时由于财力资源有限，联通会集中资源重点部署，速度较慢，2016 年仅在重点城市启动组网实验和业务示范。

在 NB-IoT 技术发展中，联通与华为密切合作，在 NB-IoT 的早期阶段便已积累起大量成果。上海联通与华为于 2015 年 6 月在上海建成全球首个基于 NB-CIoT 外场试点，实现了智能停车、智能抄表等行业业务展示。中国联通率先向全球运营商伙伴、行业企业展示了包括芯片、模组、车检器终端、表具、基站、核心网和业务平台的窄带物联网综合技术解决方案，向业界证明 LTE 窄带物联网技术的可行性和技术成熟度。

上海联通这次外场试点在业内反响强烈，引发了全球运营市场针对物联网发展的热烈讨论，直接影响到 3GPP NB-IoT 物联网标准制定进程。

2016 年 6 月，NB-IoT 核心标准冻结。联通便迅速携手中兴通信在深圳完成 NB-IoT 900MHz 和 1800MHz 多频外场验证。下一步双方还将进一步开展 900MHz 和 1800MHz 多频规模组网测试。

在 NB-IoT 网络建设上，目前中国联通已在上海、北京、广州、深圳等 10 余座城市开通了 NB-IoT 试点。其中，上海成为中国联通推进 NB-IoT 发展的桥头堡。在生态构建方面，中国联通在上海成立 NB-IoT 联合开放实验室，合作伙伴进驻开放实验室后，可以获得开发环境、孵化资源、资金对接和拓展渠道方面的资源，从而推进物联网应用创新和产品孵化。上海联通联合华为、上海物联网协会共同发起成立了中国 NB-IoT 产业联盟，推动产业链上下游企业的合作和生态圈的建设，加强与设备商、芯片和模组厂商、平台商的紧密合作，当前联盟内已聚集 300 多家企业和 1500 多位业内专家。

在物联网发展上，联通在 MWCS 上发布了物联网新一代连接管理平台，它聚合了先进的物联网网络能力和强大的二次运营能力，并向应用开发者提供了全方位的开放，帮助中小企业成功定制开发创新产品、打造新的商业模式。

3. 中国移动

相比电信、联通已经明确了自己物联网发展的主要路径——NB-IoT，中国移动在选择何种物联网发展道路时有些犹疑，似乎同时对 NB-IoT 和 eMTC 都有浓厚的兴趣。另外，移动是 4G TDD-LTE 的制式，若想建设 NB-IoT 网络则只需要采用新建 FDD 基站，或者升级 2G 网络方式即可。

（1）直接新建 FDD 基站　以中国移动目前的网络建设进度和投资规模，一年建 10 万 ~ 15 万基站是没有问题的。近期中国移动正在决策建站的规模和数量，整体 FDD 建站投资规模有望超过 100 亿元。

（2）升级 2G 网络方式　利用原来 900MHz 的 2G GSM 基站插板卡升级，这个速度非常快，几天内可以完成升级。

虽然从节约投资的角度讲，中国移动应采用升级 GSM 基站板卡的方式，一个站只需要投资 3 万 ~ 5 万元（批量化后成本更低）。但从频谱利用效率来讲，这一策略并不经济，900MHz 频谱资源十分稀缺，中国移动希望将优质的频谱资源投放到 4G/5G 中。

中国移动 NB-IoT 基站建设初期可能会升级 GSM 基站，主要起前期快速过渡作用。之后，中国移动会新建 FDD 基站来实现 NB-IoT 的网络覆盖。

2016 年 10 月，移动宣布其成为全球第一个完成端到端 NB-IoT 实验室测试的运营商，并在江西省鹰潭市建成了第一个覆盖全城的 NB-IoT 网络，涉及基站 100 多个。

四川移动与摩拜单车、华为达成战略合作，三方将在窄带物联网应用及 NB-IoT 创新等领域开展深度合作。同时，中国移动还成立中国移动物联网联盟，旨在构建开放、共享的物联网产业生态体系，依托中国移动超过 8.6 亿的移动用户规模、超过 1 亿的设备连接规模，提高物联网产业价值，带领合作伙伴共同成为物联网新生态的开创者和引领者。加入联盟的产业链伙伴，将得到中国移动全方位资源的支持，包括开放平台 OneNET、公众物联网、内置 eSIM 的物联网通信芯片及消费级、工业级、车规级通信模组。

在物联网发展上，中国移动此前专门成立了中移物联网公司，目前针对 NB-IoT 的业务拓展聚焦在智能连接、智能模组、智能硬件、开放平台、解决方案五大业务方向上。

1.2.4 NB-IoT 基站

NB-IoT 网络包括 NB-IoT 终端、NB-IoT 基站、NB-IoT 分组核心网、IoT 连接管理平台和行业应用服务器。IoT 连接管理平台的功能包括提供对各种传感器、SIM 卡的数据采集、管理功能，同时可以把数据开放给第三方应用系统，让各种应用能快速构建自己的物联网业务。NB-IoT 网络的组成如图 1-24 所示。

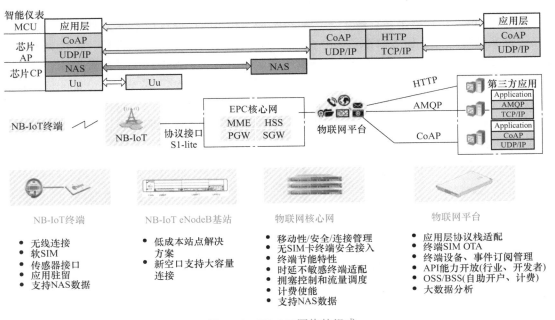

图 1-24　NB-IoT 网络的组成

1. NB-IoT 基站的主要功能

NB-IoT 基站是移动通信中组成蜂窝小区的基本单元，主要完成移动通信网和 UE 之间的通信和管理功能，即通过运营商网络连接的 NB-IoT 用户终端设备必须在基站信号的覆盖范围内才能进行通信。基站不是孤立存在的，属于网络架构中的一部分，是连接移动通信网和 UE 的桥梁。基站一般由机房、信号处理设备、室外的射频模块、收发信号的天线、GPS、各种传输线缆等组成。

2. 连接 NB-IoT 基站

可以通过 CoAP 协议和 UDP 协议来连接 NB-IoT 基站。

CoAP 协议流程：MCU（NB-IoT 设备）—NB-IoT 模块（UE）—eNodeB—核心网—IoT 平台—APP 服务器—手机终端 APP。

UDP 协议流程：MCU（NB-IoT 设备）—NB-IoT 模块（UE）—eNodeB—核心网—UDP 服务器—手机终端。

3. 数据上报

数据上报是物联网业务中最基础的一项，涉及以下内容：

南向设备：开发者自行开发的终端硬件设备（包含多个传感器和 MCU）。

北向应用：开发者自行开发的服务端应用（基于华为 OceanConnect 物联网平台提供的 RESTful 接口）。

NB-IoT 芯片/模组：类似于 3G/4G 通信模组，将设备端数据打包发送到指定平台的硬件模块。

SoftRadio：用于模拟 NB-IoT 模组、基站、核心网的 PC 端软件，可用于在缺乏 NB-IoT 模组和 NB-IoT 实网环境时的设备对接调试。

OceanConnect：物联网全连接平台，南向设备和北向应用通过该平台交换数据和信令。

设备 Profile 文件：描述设备"是什么""能干什么"的 json 格式文件，上传到 Ocean-Connect 平台（上传时是 zip 包格式），是设备绑定平台和提供服务的关键配置文件。

编解码插件：用来对 NB 设备上报的数据进行解码，同时对下发给 NB 设备的信令进行编码的插件，对接前需上传到 OceanConnect 平台。

终端设备将需要上报的数据通过 NB-IoT 网络发送到华为物联网平台，而后北向应用通过 RESTful 接口获取这些数据（或平台主动推送已订阅的数据）。

数据上报流程如图 1-25 所示。

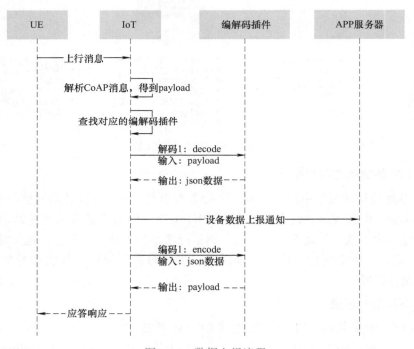

图 1-25　数据上报流程

1）南向设备采集数据，并将数据按自定义规则进行编码，例如：将温湿度实时数据编码成 000102。

2）设备通过串口，以 AT 命令的形式，发送已编码数据到 NB-IoT 模组或 SoftRadio 模拟器。

3）NB-IoT 芯片/模组或 SoftRadio 模拟器，接收到 AT 命令后，根据 AT 指令加载某项功能，自动封装为 CoAP 协议的消息，并发送给事先配置的物联网平台。

4）物联网平台收到数据后，自动解析 CoAP 协议包，根据设备 Profile 文件，找到匹配的编解码插件，对有效负载（payload，代码中实现某个功能的部分）进行解析，解析为与设备 Profile 文件中描述的服务（service）匹配的 json 数据，并存于平台上。

5）应用服务器通过北向数据查询接口（RESTful）获取平台上的数据，同时也可以提前调用订阅接口，对数据变化进行订阅，则之后所有的数据变化，平台都会提交被处理的数据（POST）消息。

1.2.5 NB-IoT 产品测试

NB-IoT 产品测试主要从 NB-IoT 上下行测试开始，NB-IoT 上下行测试关键点主要包括：NB-IoT 信号分析、NB-IoT 上行测试。NB-IoT 上行测试涉及 Trigger 周期、Trigger 触发方式、BBU 的解码统计周期与信号源信号周期。

VSE 解调 NB-IoT 信号如图 1-26 所示。

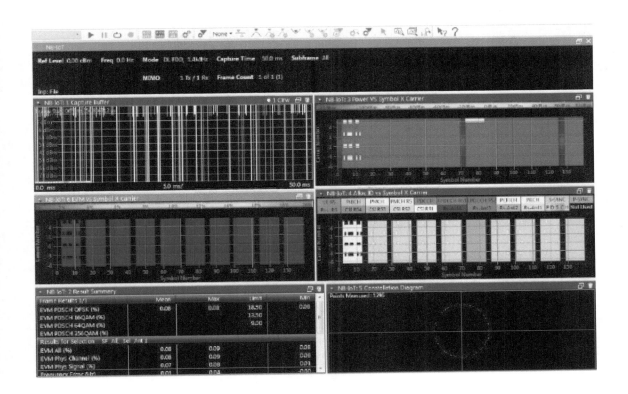

图 1-26 VSE 解调 NB-IoT 信号

（1）Trigger 触发方式 Trigger 触发方式如图 1-27 所示。

（2）NB-IoT 信号生成测试过程 NB-IoT 信号生成测试过程如图 1-28 ~ 图 1-33 所示。

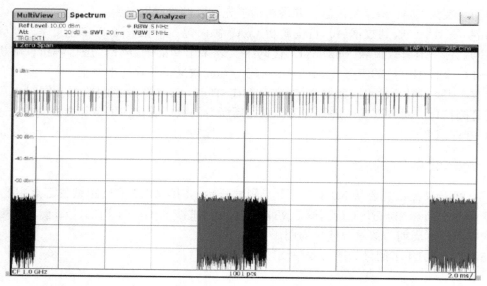

图 1-27　Trigger 触发方式

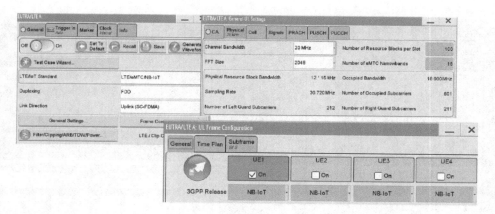

图 1-28　NB-IoT 信号生成测试过程 1

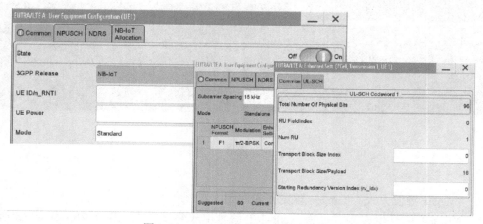

图 1-29　NB-IoT 信号生成测试过程 2

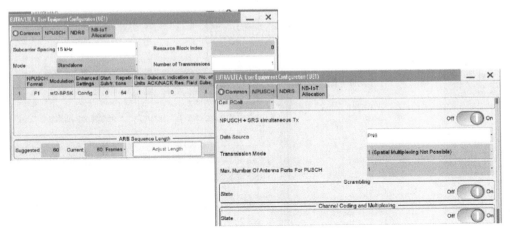

图 1-30 NB-IoT 信号生成测试过程 3

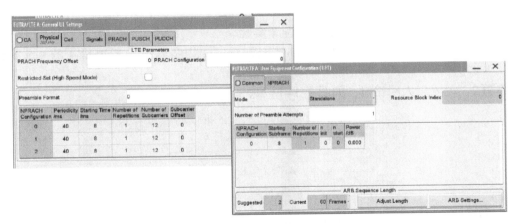

图 1-31 NB-IoT 信号生成测试过程 4

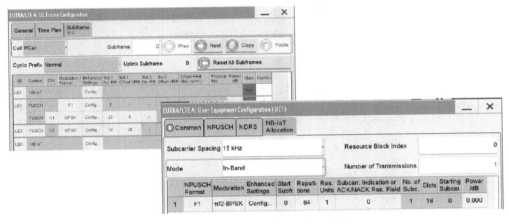

图 1-32 NB-IoT 信号生成测试过程 5

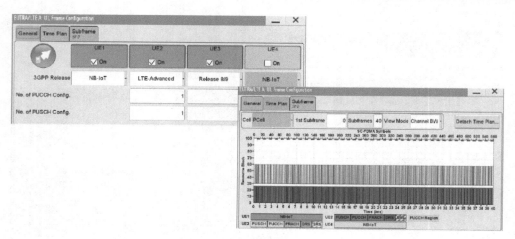

图 1-33 NB-IoT 信号生成测试过程 6

1.2.6 任务实训

实训内容：NB-IoT 基站的传输数据配置实验。

步骤 1：NB-IoT 基站 DBS 3900 基础数据配置，详细步骤请参考项目 4 的 4.3.3 任务实训。

步骤 2：设置以太网端口，如图 1-34 所示。

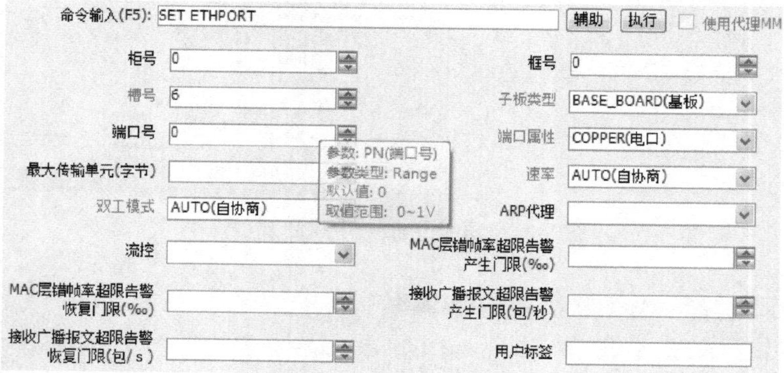

图 1-34 设置以太网端口

步骤 3：增加设备 IP 地址，如图 1-35 所示。

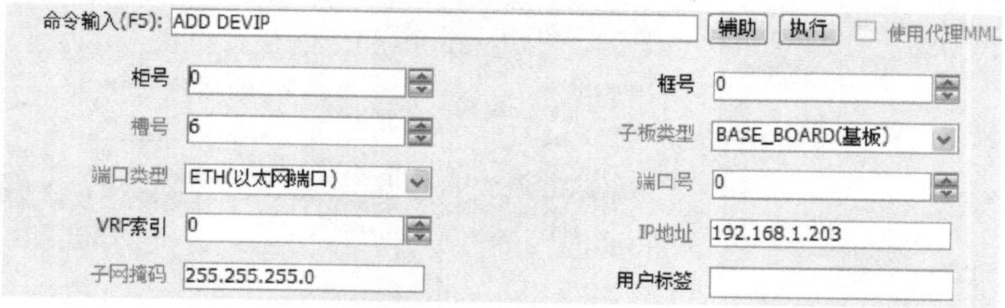

图 1-35 增加设备 IP 地址

步骤 4：增加 SCTP 链路，如图 1-36 所示。

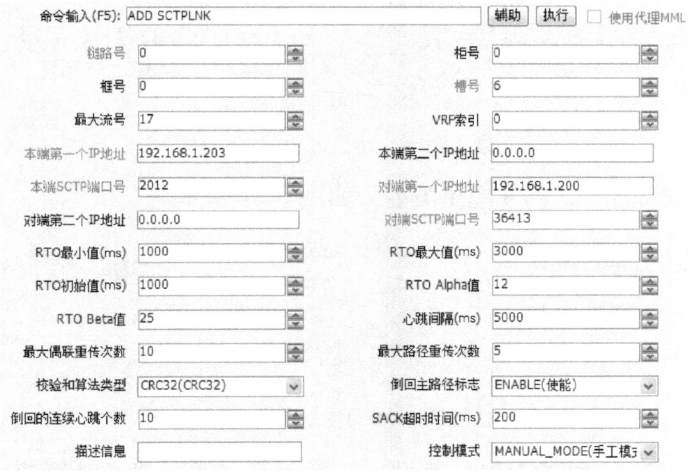

图 1-36　增加 SCTP 链路

步骤 5：增加 CP（控制端口）承载，如图 1-37 所示。

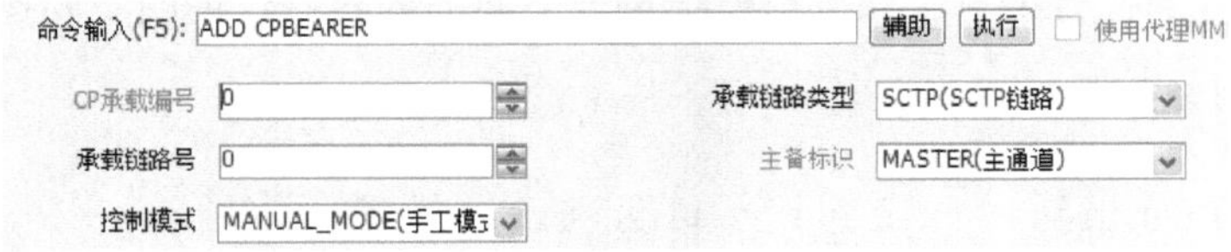

图 1-37　增加 CP（控制端口）承载

步骤 6：创建 S1 接口，如图 1-38 所示。

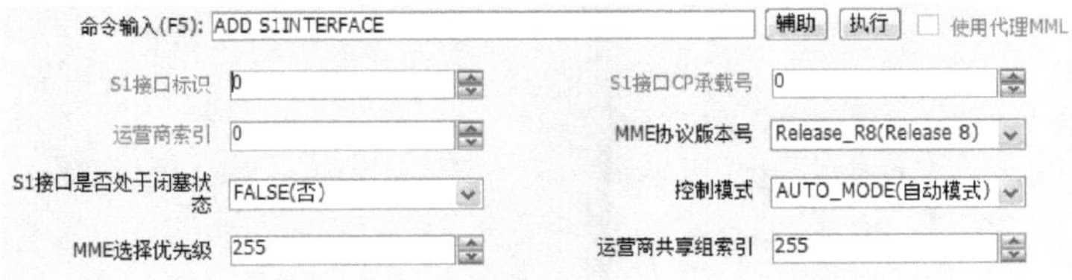

图 1-38　创建 S1 接口

步骤 7：增加 IP Path，如图 1-39 所示。

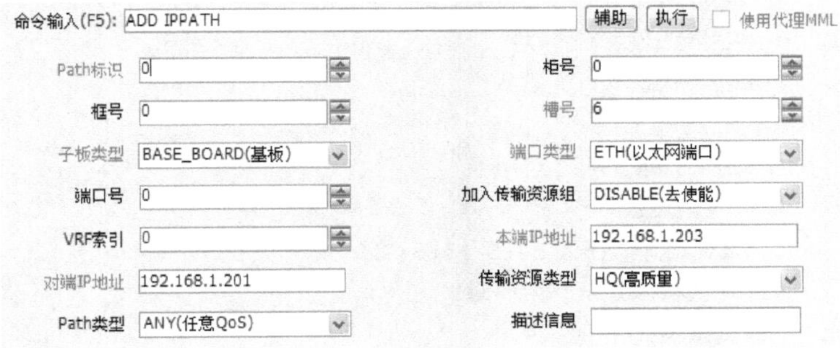

图 1-39　增加 IP Path

步骤 8：添加运营商 IP Path，如图 1-40 所示。

图 1-40　添加运营商 IP Path

步骤 9：添加 eNodeB IP Path 应用类型，如图 1-41 所示。

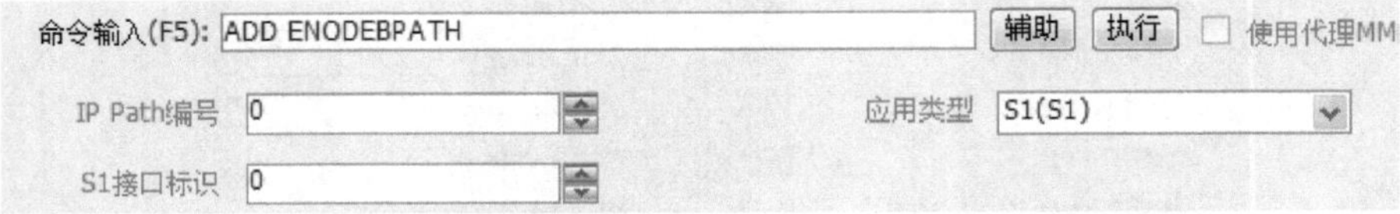

图 1-41　添加 eNodeB IP Path 应用类型

步骤 10：验证实验。设备上电，待设备正常运行，通过终端计算机上的 EB 软件登录 eNodeB 设备，进行脚本的导入。

在桌面启动 eNodeB-online 工具，并登录 BBU-TDD，在 LMT（本地维护终端）执行相关操作与命令可以看到执行结果，如果执行结果与下面的内容一致说明实验操作正常。

```
命令窗口执行查看端口信息命令
DSP ETHPORT:;
 +++     DBS3900 LTE         2019-05-11 20:12:33
O&M     #10637
%%DSP ETHPORT: SN=6, SBT=BASE_BOARD;%%
RETCODE = 0 执行成功


查询以太网端口状态
-------------------
                  框号    =   0
                  框号    =   0
                  槽号    =   6
              子板类型    =   基板
                端口号    =   0
              端口属性    =   电口
              端口状态    =   激活
            物理层状态    =   激活
      最大传输单元(字节)   =   1500
              ARP 代理    =   启用
                  流控    =   启动
              MAC 地址    =   B415-13F5-EA7C
              环回状态    =   无环回
      是否处于环回测试模式  =   否
    以太网 0AM 3AH 使能标识 =   禁用
```

```
        实际接收包个数(包)  =  3501338
       实际接收字节数(B)  =  2679926801
     实际接收 CRC 错包个数(包)  =  0
       实际接收流量(B/s)  =  159
        实际发送包个数(包)  =  589257
       实际发送字节数(B)  =  140549501
       实际发送流量(B/s)  =  44
        本端配置协商模式  =  自协商
        本端实际协商模式  =  自协商
           本端速率  =  1000Mbit/s
        本端双工模式  =  全双工
        对端协商模式  =  未知
           对端速率  =  1000Mbit/s
        对端双工模式  =  未知
          IP 地址数  =  1
           IP 地址  =  192.168.1.203 255.255.255.0
(结果个数 = 1)
---    END
```

命令窗口执行查看 S1 接口命令

```
DSP S1 INTERFACE:;
+++    0        2019-08-12 09:20:33
O&M    #806354946
%% DSP S1 INTERFACE:;%%
RETCODE = 0    执行成功
```

查询 S1 接口链路

```
--------------
           S1 接口标识  =  0
        S1 接口 CP 承载号  =  0
           运营商索引  =  0
        MME 协议版本号  =  Release 8
     S1 接口是否处于闭塞状态  =  否
           控制模式  =  自动模式
        自动配置标识  =  手工创建
        MME 选择优先级  =  255
        运营商共享组索引  =  255
        S1 接口状态信息  =  正常
     S1 接口 CP 承载状态信息  =  正常
     核心网是否处于过载状态  =  否
     接入该 S1 接口的用户数  =  1
        核心网的具体名称  =  xunfang
     服务公共陆地移动网络  =  460-50,460-50
```

服务核心网的全局唯一标识 = 460-50-256-1,460-50-256-1
核心网的相对容量 = 255
S1 链路故障原因 = 无
(结果个数 = 1)

---   END

命令窗口执行查看 IP PATH 信息命令
DSP IPPATH:;
 +++   0   2019-08-12 09:21:30
O&M   #2607
%%DSP IPPATH:;%%
RETCODE = 0   执行成功

查询 IP Path 状态

                    Path 标识 = 0
              发送带宽(kbit/s) = 0
              接收带宽(kbit/s) = 0
        非实时预留发送带宽(kbit/s) = 0
        非实时预留接收带宽(kbit/s) = 0
            实时发送带宽(kbit/s) = 0
            实时接收带宽(kbit/s) = 0
          非实时发送带宽(kbit/s) = 0
          非实时接收带宽(kbit/s) = 0
                传输资源类型 = 高质量
            IP Path 检测结果 = IP Path 检测禁用
             IPMUX 使能标识 = 禁用
(结果个数 = 1)

---   END

命令窗口执行查看 SCTP 信息命令
DSP SCTPLNK:;

 +++   0   2019-08-12 09:22:17
O&M   #2610
%% DSP SCTPLNK:;%%
RETCODE = 0   执行成功

```
查询 SCTP 链路状态
-----------------
              链路号  =  0
              柜号    =  0
              框号    =  0
              槽号    =  6
   本端第一个 IP 地址  =  192.168.1.203
   本端第二个 IP 地址  =  0.0.0.0
    本端 SCTP 端口号   =  36412
   对端第一个 IP 地址  =  192.168.1.200
   对端第二个 IP 地址  =  0.0.0.0
    对端 SCTP 端口号   =  36413
              出流数  =  17
              入流数  =  17
         工作地址标识  =  主路径
           闭塞标识    =  解闭塞
      SCTP 链路状态    =  正常
         状态改变原因  =  正常
         状态改变时间  =  2019-08-12 09:17:53
(结果个数  =  1)


---      END
```

任务 1.3　NB-IoT 行业应用操作

本任务介绍 NB-IoT 行业的应用实例，通过实例分析，让学生了解 NB-IoT 在共享单车、智慧照明、智能井盖、智能停车场、智能表计、智能家居、可穿戴智能设备等领域的应用。

2017 年 6 月 15 日，"关于全面推进移动物联网（NB-IoT）建设发展的通知"正式发布。通知要求，推广 NB-IoT 在细分领域的应用，逐步形成规模应用体系。相比面向娱乐性能的物联网应用，NB-IoT 面向低端物联网终端，更适合广泛部署。

1.3.1　共享单车

2017 年，ofo 与中国电信、华为共同签署 NB-IoT 共享单车应用合作协议，将提供包括 NB-IoT 芯片在内的无线网络解决方案，为用户提供更好的使用体验。NB-IoT 覆盖范围广、功耗低、开锁快、待机时间甚至可以长达 10 年，颠覆了当前共享单车方案。NB-IoT 是针对物联网设计的全新低功耗广域网蜂窝移动通信技术，非常适合应用于共享单车这种分布广的场景。共享单车应用场景如图 1-42 所示。

图 1-42　共享单车应用场景

　　采用 NB-IoT 取代当前使用的 GPRS 方案，最大优点不在于省电，而在于广覆盖和网络容量的保证，不会出现单个基站下由于单车数量过多，影响解锁的现象。单车也可以采用动态密码，可以充分利用 NB-IoT PSM 特性，在节电状态下，不需要与网络通信，定期刷新车锁上的开启密码。当用户开锁后，可以主动报告云端，车辆被成功启用。使用者完成骑行后，会锁住单车，此时再次上报云端，可快速完成计费（同时刷新动态密码），类似很多银行采用的 OTP 动态密钥。

　　NB-IoT 单车方案场景如图 1-43 所示。

　　共享单车的操作流程如下：

　　1）用户在 A 地点找到单车，手机扫码，获取开锁密码。

　　2）密码输入成功后，成功开锁，开锁瞬间 NB-IoT 可将开启信息上报到云端，开始计费。

　　3）用户整个骑行过程中 NB-IoT 可以全程处于 PSM 状态。

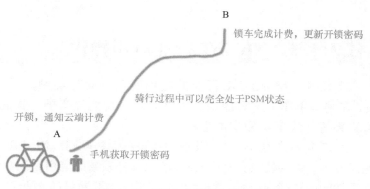

图 1-43　NB-IoT 单车方案场景

　　4）用户到达 B 地点后，直接锁车，锁车瞬间 NB-IoT 可将关闭信息上报到云端，完成计费。

　　5）单车同时收到新的动态密码，用户收到扣费信息。

　　可以看到，整个使用过程中，NB-IoT 与互联网产生了两次连接。如果智能锁技术厉害，甚至都可以利用开关锁的动能产生的电量完成数据通信。

1.3.2 智慧照明

当夜幕降临，人们结束了忙碌的一天时，城市的夜生活才刚刚开始，各种各样的灯光亮起，为城市披上了一层绚丽的外衣，在这绚丽的外衣下则隐藏着巨大缺点——浪费能源。而市政路灯则是主要元凶之一。如果我们能对路灯进行全方位监控，就可以解决能源浪费问题，并能更好地管理路灯，从而缓解市政压力。

现在路灯大部分都是光感控制，由于城市后半夜累了一天的人们开始休息，人流量也逐步减少，有些个别冷清地段不需要过多的路灯照明，导致能源浪费，增加了不必要的成本。路灯造成的能源浪费如图1-44所示。

图1-44　路灯造成的能源浪费

针对能源浪费和维护困难的问题，可以采用NB-IoT路灯智能管理系统。与传统管理相比，NB-IoT实现的智慧照明（如图1-45所示）具备以下的优势：

1）路灯监控中心是整个路灯监控系统的大脑，可对路灯进行维护、统计、分析、处理等操作。

2）路灯监控中心可对数据进行集中管理和监控，实现对单个目标的锁定以及快速查找等功能。

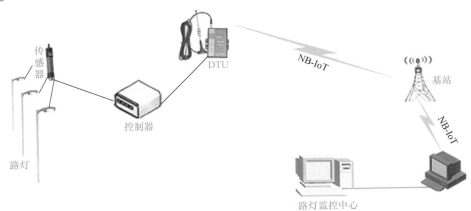

图1-45　NB-IoT应用于智慧照明

3）分级管理：可在监控中心下设立多个下级监控中心，从而达到分区分片管理的效果，减少总监控中心的管理压力，特别适用于组建大型以及超大型路灯控制系统。

4）控制策略：系统可根据当地情况灵活自定义设置，分时分段控制路灯的全亮、全关、隔杆亮灯等功能。

5）路灯故障检测功能：主动上报故障路灯位置；通信容量大，不会担心路灯过多过于密集导致个体无法通信的情况。

1.3.3   智能井盖

我们的城市正在快速建设中，市政公共建设设置的地下工程增多，井盖的增加是不可避免的，井盖的作用巨大，如无法及时获取井盖状态信息，将有可能对人们的生命和财产造成极大的损失。

目前大部分城市都是人工巡检来管理，但是井盖数量庞大，人工巡检效率有限，往往无法及时准确地获取井盖状态信息，从而导致各类安全隐患，井盖被盗造成安全隐患如图1-46所示。

井盖被盗或者破坏不仅会直接造成公共财产的损失，而且还可能会对附近的行人和车辆造成不可挽回的人身伤害和经济损失。如何排除这些安全隐患成为当务之急。使用 NB-IoT 对井盖进行定位监测管理，可以及时掌握井盖的状态信息，

图1-46   井盖被盗造成安全隐患

并在井盖移动或者被破坏时利用 NB-IoT 网络向服务器发出警报通知管理人员，从而最大程度避免伤害与损失。

使用 NB-IoT 技术进行井盖监测如图1-47所示，优势在于：

1）不再需要人工巡查，数据全部自动传输到平台上，节省了大量人力资源。

2）NB-IoT 能容纳的通信基站用户容量是 GPRS 的10倍，可满足井盖数量庞大的需求。

3）NB-IoT 拥有超低功耗，正常通信和待机电流是mA 和μA 级别，模块待机时间可长达10年，极大程度地简化了井盖监测在后期的维护。

4）NB-IoT 拥有更强、更广的信号，可覆盖至室内和地下室，在井盖监测中真正实现全面覆盖。

5）NB-IoT 技术突破了 GPRS 技术的瓶颈，将来必定在无线通信行业中大放异彩。

1.3.4   智慧停车

北京、上海、广州、深圳作为中国的四个超级城市，停车泊位量早已无法满足现有停车需求，四城的

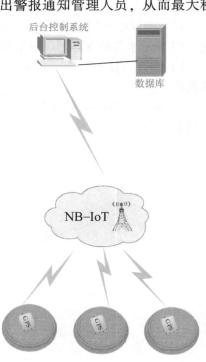

图1-47   NB-IoT 应用于智能井盖

平均停车泊位缺口率为 76.3%，每城至少有超过 200 万的车辆无正规车位可停。

与此同时，大量的经营性停车场却存在长期空置的问题，近五成停车泊位并没有得到合理利用，智慧停车场整体覆盖率不高。

城市停车管理面临以下问题：

1）泊位供需矛盾突出，停车难、乱停车现象普遍。

2）车主服务体验不佳。

3）经营性停车场空置率高。

4）信息化、智能化水平不高，管理效率低。

停车泊位缺口率、空置率与智慧停车场覆盖率如图 1-48 所示。

面对此状，政府早已颁布相关文件大力支持城市智慧停车项目的发展，以期望尽快解决上述问题。

传统无线智能停车管理在车位

a) 停车泊位缺口率　b) 停车场泊位空置率　c) 智慧停车场覆盖率

图 1-48　停车泊位缺口率、空置率与智慧停车场覆盖率

地面上安装车位检测器，车位检测器通过 Zigbee、LoRa 等短距离传播技术将信息上报给汇聚网关，汇聚网关再通过 2G/3G/4G 网络上报数据，然后通过停车管理平台进行智能管理。这种方式的缺点是无线通信采用非授权频段，私建无线局域网，存在信号干扰问题，网络稳定性、安全性较差，可能导致收费信息不准。

智慧停车是通过自动化技术帮助汽车司机快速找到一个可用的停车位，并为司机提供精确的导航路线，在这个过程中，大量来自于传感器的实时数据将被传输到安装在司机手持设备的专用 APP 上。城市智慧停车的关键点在于停车传感器、网关硬件、服务器、APP 的融会贯通。

在 LPWAN 技术爆发之前，无论是蓝牙、WiFi，还是红外等技术，由于自身功耗、通信距离、终端数量等原因，都不能完全满足城市智慧停车大规模应用场景需求。而最近几年，LPWAN 技术飞快发展，伴随着它的商用化进程，城市智慧停车应用场景已经有了技术支持。鉴于此，在城市智慧停车中可以采用基于 NB-IoT 的地磁＋PAD 的技术方案，NB-IoT 技术应用于智慧停车如图 1-49 所示，NB-IoT 技术应用于智慧停车平台示意图如图 1-50 所示。

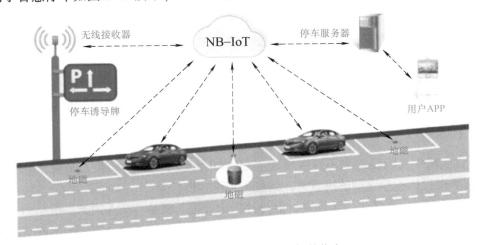

图 1-49　NB-IoT 技术应用于智慧停车

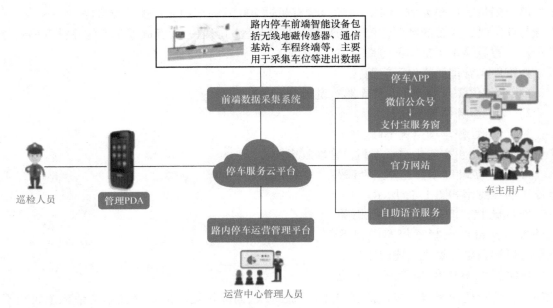

图1-50 NB-IoT技术应用于智慧停车平台示意图

此方案采用运营商（电信、联通、移动）NB-IoT窄带物联网网络，兼容NB-IoT和LTECAT-M1，在基站网络覆盖范围内均能实现联网通信，无需架设转发网关。NB-IoT地磁的具体细节如下：

响应时间：2~3s。

检测准确率：准确率≥99.9%。

基站挂载数量：单个基站小区可支持5万个NB-IoT终端接入。

抗干扰：传感器检测区域为360°，无需考虑安装方向。NB-IoT地磁不受温度变化、潮湿或其他环境的干扰，通过内部的自适应机器学习算法滤除相邻车道停车、非机动车干扰等异常干扰。

数据安全：具有无线通信数据加密功能。

工作温度：-20~85℃。

功耗：3.6V供电情况下，低功耗模式的功耗为0.15mAh，检测模式的功耗为1.5mAh。

安防：采用防水、防压设计，符合IP68防护标准。

使用寿命：内置大容量、低自放电率的锂亚电池，结合低功耗设计，使用寿命大于5年。

系统防护：支持程序在线升级，可通过手机平台在线修改参数，支持低电压自动告警。

1.3.5 智能表计

在日常生活中人们已经离不开各种表类了，如常见的三表：水表、气表、电表。利用NB-IoT技术进行远程抄表的解决方案，颠覆了传统抄表行业。

传统抄表方案一般采用人工巡查，进行片区化管理，就是一个人或者一个小组负责对该片区进行巡查并人工抄表。该方案存在人工成本高，效率低，遇到个别用户不在家就不能抄表等弊端。

现在有些地区已经使用了 GPRS 远程抄表系统, GPRS 远程抄表也解决了人工抄表一系列问题: 不再需要人工巡查, 抄表效率高, 即使用户不在家也可实现自动抄表。

但遇到的新的问题是: GPRS 基站容量有限, 不能满足大量用户同时接入, 导致网络时常拥堵, 出现终端设备无法上传数据的情况, 三表一般安装在室内或较密闭的空间, 导致信号时好时坏, GPRS 模块不是低功耗模块, 设备需要频繁更换电池, 后期维护困难。

而 NB-IoT 技术的诞生解决了 GPRS 远程抄表的问题。

1) NB-IoT 远程抄表在继承 GPRS 远程抄表优点的同时, 解决了 GPRS 远程抄表的弊端。

2) NB-IoT 远程抄表可在现有基站的基础上进行技术升级, 使 NB-IoT 拥有超大容量, 避免出现大量用户同时接入导致网络拥堵而设备无法上传数据的情况。

3) NB-IoT 信号覆盖更广, 信号强度可覆盖到室内、地下室和其他密闭的空间。

4) NB-IoT 模块是低功耗模块, 在待机状态下可使用 10 年, 不需要频繁更换电池, 后期维护方便。

NB-IoT 技术应用于智能表计的示意图如图 1-51 所示。

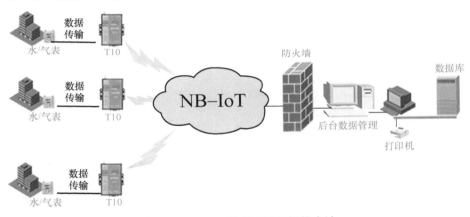

图 1-51 NB-IoT 技术应用于智能表计

1.3.6 智能家居

随着近几年智能家居行业的火爆, 智能锁在生活中出现的频率也越来越高, 目前智能锁使用非机械钥匙作为用户识别 (ID) 的技术, 主流技术有: 感应卡、指纹识别、密码识别和面部识别等, 极大地提高了门禁的安全性, 但是以上安全性的前提是在通电状态下, 如果处于断电状态下智能锁则形同虚设。智能家居中的门禁系统如图 1-52 所示。

为了提升安全性则需要智能锁拥有内置电池, 采集各项基本数据, 将数据传输到服务器, 采集到异常数据后自动向用户发出警报。由于在智能锁安装后不易拆卸, 所以要求智能锁电池使用寿命长。门的位置处于封闭的楼道中, 则需要更强的信号覆盖以确保网络数据实时传输。智能家居终端数量多, 必须保证足够的连接数量。最重要的是在加入以上功能后, 还能

图 1-52 智能家居中的门禁系统

保证设备成本控制在可接受范围内。NB-IoT 技术应用于智能家居如图 1-53 所示。

NB-IoT 技术应用于智能家居系统具有以下优势：

1）NB-IoT 拥有低功耗的特点，仅使用两节 5 号电池可待机 10 年，大大减少了后期维护成本。

2）超强信号覆盖，可覆盖室内和地下室，保证了信号稳定性。

3）海量的连接，满足智能家居多个终端同时连接。

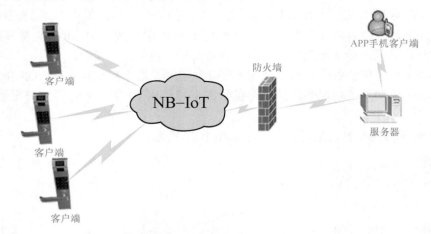

图 1-53　NB-IoT 技术应用于智能家居

1.3.7　智能消防

新闻报道里时常有火灾发生，每一次火灾都伴随着家破人亡，每一次的场面都触目惊心。我们要提高消防意识，并合理使用消防设备，才能最大限度地减少损失和伤害。

烟雾传感器是消防系统的哨兵，可实时检测烟雾，传感器检测到烟雾浓度超标，会发送信息到后台服务器，并启动警铃等相关设备，服务器会自动推送信息给相关人员及部门，实现消防安全智能化。

在实际应用中按照消防要求，烟雾传感器的安装分布密集，不方便走线并且成本大。NB-IoT 技术应用于智能消防如图 1-54 所示，具有以下优势：

1）可避免走线困难的问题，大大节约了安装成本。

2）NB-IoT 拥有海量的连接数，同时接入的烟雾传感器可高达到 10 万个以上，可满足海量的烟雾传感器同时接入。

3）NB-IoT 拥有超低功耗，在待机状态下可工作 10 年，极大程度地降低了安装后的维护成本。

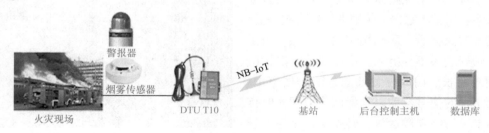

图 1-54　NB-IoT 技术应用于智能消防

4）NB-IoT 拥有超强信号覆盖，可覆盖至室内和地下室。

5）NB-IoT 超低成本。

1.3.8 任务实训

实训内容：在物联网云服务开发平台上实现智能家居组态化设计。

步骤1：添加网管，项目引导页面如图 1-55 所示。

编写项目信息完成后，单击"提交"进入项目引导页面。

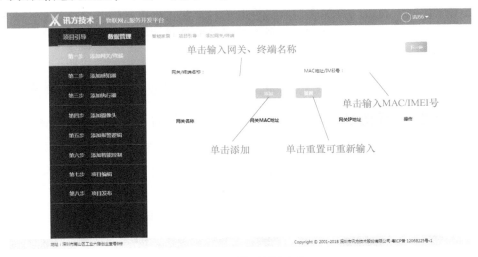

图 1-55 项目引导页面

在"网关/终端名称"框里输入网关/终端名称，在"MAC/IMEI 号"框里输入 MAC/IMEI 号，单击"添加"即可成功添加网关/终端，单击"重置"可重新输入，可添加多个网关/终端，一个网关可对应多个项目。单击"下一步"或"第二步 添加感知器"即可跳转到添加感知器页面。

步骤2：添加感知器，页面如图 1-56 所示。

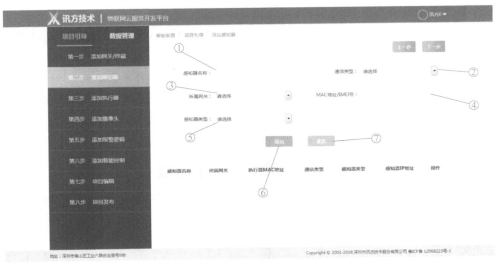

图 1-56 添加感知器页面

单击①"感知器名称"输入感知器名称。

单击②"通信类型"选择通信类型，可选的类型有 ZigBee、RFID、IPv6、RS485、WiFi、NB_IoT、LoRa 七种类型。

单击③"所属网关"选择已添加的网关，选择网关后，④"MAC 地址/IMEI 号"自动显示。

单击⑤"感知器类型"选择感知器的类型，可选类型选项里有 5 种节点和 25 种传感器，可根据项目需要来进行选择。

单击⑥"添加"可成功添加感知器，单击⑦"重置"可重新输入，可添加多个感知器。单击"下一步"或"第三步　添加执行器"即可跳转到添加执行器页面。

步骤 3：添加执行器，页面如图 1-57 所示。

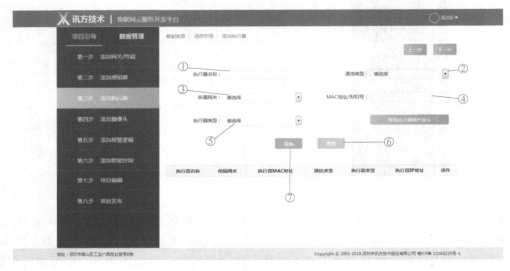

图 1-57　添加执行器页面

单击①"执行器名称"输入执行器名称。

单击②"通信类型"选择通信类型。

单击③"所属网关"选择已添加的网关，选择网关后，④"MAC 地址/IMEI 号"自动显示。

单击⑤"执行器类型"选择所要用的执行器，可选执行器有 8 种。

单击⑦"添加"即可成功添加，单击⑥"重置"可重新输入，可添加多个执行器。单击"下一步"或"第四步　添加摄像头"即可跳转到添加摄像头页面。

步骤 4：添加摄像头，页面如图 1-58 所示。

单击①"摄像头名称"可输入摄像头名。

单击②"MAC 地址/IMEI 号"可输入 MAC 地址/IMEI 号。

单击③"摄像头类型"可选择所需要摄像头的类型，可选择的有：可控摄像头、不可控摄像头两种。

单击④"访问 IP/网址"可输入相应的访问 IP/网址。

单击⑤"用户名"可输入用户名称。

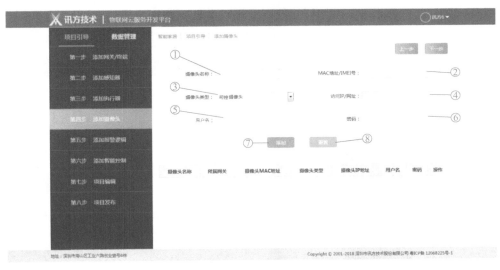

图 1-58　添加摄像头页面

单击⑥ "密码" 可设置密码。

单击⑦ "添加" 即可成功添加，单击⑧ "重置" 可重新输入，可添加多个摄像头。单击 "下一步" 或 "第五步　添加报警逻辑" 即可跳转到添加报警逻辑页面。

步骤 5：添加报警逻辑，页面如图 1-59 所示。

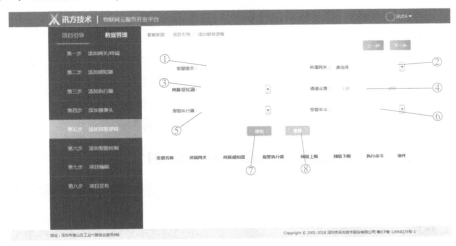

图 1-59　添加报警逻辑页面

单击① "报警提示" 可输入报警执行器名。

单击② "所属网关" 可选择已添加的网关号。

单击③ "所属感知器" 可选择已添加的感知器。

单击④ "阈值设置" 可设置阈值范围。

单击⑤ "报警执行器" 可选择报警的执行器。

单击⑥ "报警命令" 可选择 "打开" 或者 "关闭"。

单击⑦ "添加" 即可成功添加，单击⑧ "重置" 可重新输入，可添加多个报警逻辑。

单击"下一步"或"第六步　添加智能控制"即可跳转到添加智能控制页面。

步骤6：添加智能控制，页面如图1-60所示。

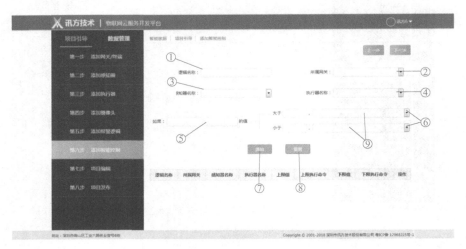

图1-60　添加智能控制页面

单击①"逻辑名称"可输入逻辑名。

单击②"所属网关"可选择已添加的网关号。

单击③"感知器名称"可选择已添加的感知器。

单击④"执行器名称"可选择已添加的执行器。

单击⑤根据选择的感知器自动填入。

单击⑥"上限值"输入上限值执行命令"打开"或"关闭"；"下限值"输入下限值执行命令"打开"或"关闭"，注意此处上限值命令和下限值命令不能相同。

单击⑦"添加"即可成功添加，单击⑧"重置"可重新输入，可添加多个智能控制。单击"下一步"或"第七步　项目编辑"即可跳转到项目编辑页面。

单击⑨根据选择的执行器自动填入。

步骤7：项目编辑，页面如图1-61所示。

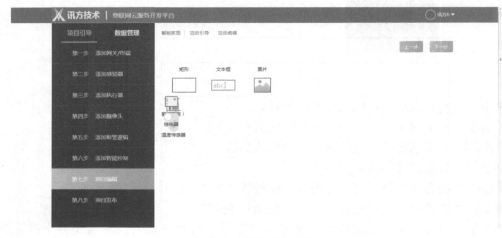

图1-61　项目编辑页面

如图 1-61 所示，添加的感知器等图标会重叠，可自己布局。在项目编辑页面，可添加控件，有三种控件：矩形、文本框、图片，可对这三种控件进行大小、颜色等状态编辑。重新布局页面如图 1-62 所示。

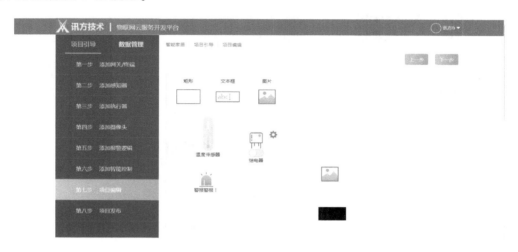

图 1-62　重新布局页面

单击继电器的"开关"按钮，可对 NB_IoT 实验箱的继电器进行控制，单击继电器的设置按钮，可看见继电器的应用场景，双击继电器图标可选择所要应用的场景；将鼠标移到温度传感器上可显示当前温度，温度显示、场景选择页面如图 1-63 所示。完成编辑之后，单击"保存"即可对项目进行发布。单击"下一步"或"第八步　项目发布"可进入项目发布页面。

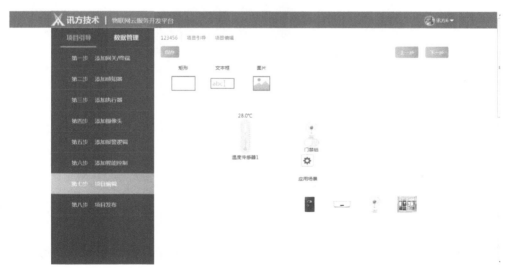

图 1-63　温度显示、场景选择页面

步骤 8：项目发布，页面如图 1-64 所示。

图1-64 项目发布页面

在项目发布页面当中，不可对继电器等图标进行编辑。发布成功后会提示"报告：发布成功，需要去首页手动开启项目哦！"，此时回到首页即可开启项目。项目发布之后会自动生成访问链接，下拉即可看见链接和项目情况。单击链接之后跳转到项目界面，项目界面如图1-65所示。

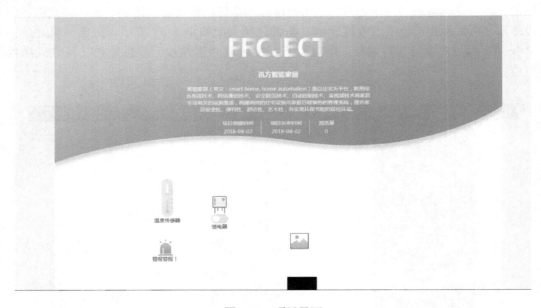

图1-65 项目界面

在项目界面下拉框中可以查询执行器执行情况以及传感器执行情况，查询页面如图1-66所示。

至此智能家居的组态化设计发布完成。

图1-66 查询页面

项 目 小 结

本项目介绍了蜂窝物联网的概念，对NB-IoT的基本概念、关键技术、系统构架等做了详细介绍，主要内容包括：

1）蜂窝物联网的概念、NB-IoT的基本概念、NB-IoT的关键技术。

2）NB-IoT的系统架构、NB-IoT物理层基础。

3）NB-IoT网络部署、NB-IoT基站、NB-IoT产品测试。

4）NB-IoT行业应用：共享单车、智慧照明、智能井盖、智慧停车、智能表计、智能家居、智能消防。

 思考题与习题

一、思考题

1. 蜂窝物联网的演进过程是什么？

2. NB-IoT基站是移动通信中组成蜂窝小区的基本单元，它的功能及组成包括哪些？

3. NB-IoT如何实现在智能井盖系统中的应用？

4. NB-IoT关键技术都有哪些？

二、选择题

1. 高速率主要采用（　　）技术。

A. 3G、4G　　　　　B. GPRS　　　　　C. NB-IoT　　　　　D. GPS

2. 中速率主要采用（　　）技术。

A. 3G、4G　　　　　B. GPRS　　　　　C. NB-IoT　　　　　D. GPS

3. 低速率主要采用（　　）技术。

A. 3G、4G　　　　　B. GPRS　　　　　C. NB-IoT　　　　　D. GPS

4. "MCU（NB-IoT设备）—NB-IoT模块（UE）—eNodeB—核心网—IoT平台—APP服务器—手机终端APP"这一过程描述的是（　　）。

A. CoAP协议　　　　　　　　　　　　　B. TCP协议

C. UDP 协议　　　　　　　　　　　　　D. IP 协议

5. "MCU（NB-IoT 设备）—手机终端"这一过程描述的是（　　）。

A. CoAP 协议　　　　　　　　　　　　B. TCP 协议

C. UDP 协议　　　　　　　　　　　　　D. IP 协议

三、填空题

1. 经典的物联网系统架构模型是三层结构：从下往上依次是_____、_____和_____。

2. NB-IoT 具备四大特点，分别是_____、_____、_____和_____。

3. NB-IoT 的关键技术主要包括_____、终端简化方案、_____、扩展的不连续接收、增强覆盖、_____、用户面优化、多载波操作等方面内容。

4. NB-IoT 提供了三种部署方式，分别是独立部署、_____以及_____。独立部署主要是利用现网空闲频谱或是新的频谱部署 NB-IoT，频带宽度为_____ kHz，适合_____和_____频段重耕。

5. 可以通过_____协议和_____协议来连接 NB-IoT 基站。

四、综合实践

1. 画出 NB-IoT 端到端系统架构的拓扑图。

2. 查阅资料，分析 NB-IoT 在畜牧业中的应用，并画出示意图。

3. 仔细回顾智慧照明的内容，绘制 NB-IoT 在智慧照明中的应用示意图。

项目2　STM32微控制器的应用

　　STM32 系列微控制器使用的是 ARM 公司提供的内核架构，专门为高性能、低功耗、高实时性、高性价比的嵌入式领域服务，该系列控制器给使用者带来极大的便利和前所未有的自由空间。

　　本项目通过对 STM32 微控制器的介绍，为后面与 NB-IoT 模块的通信以及行业应用打下基础。本项目主要包括：简单介绍 ARM 内核，以及所用芯片的外部资源，如何安装开发环境，通用外设（GPIO、TIM、USART）的基本操作。

　　在本项目结束后，读者会对 STM32F4 控制器有一定的认识，对于其内核处理机制、寄存器的使用、库函数的应用以及外设的基本操作都能有一定程度的掌握，从而在以后接触STM32 系列的处理器时，会有点知识积淀，让学习周期变得更短。

知识目标	1. 了解 ARM 架构的发展历程 2. 熟悉 STM32F411 微控制器的功能分析与外设 3. 掌握 STM32 微控制器的 I/O 配置方法 4. 掌握 STM32 微控制器的通用外设寄存器的配置 5. 掌握 STM32 微控制器的串口调试
能力目标	1. 会进行 IDE（集成开发环境）的搭建与新建工程 2. 会操作 STM32F411 的 I/O 口点亮 LED 灯 3. 会操作 STM32F411 的定时器控制 LED 定时闪烁 4. 会操作 STM32F411，能通过串口打印信息，并在串口助手中显示
重点、难点	1. STM32F411 的基本寄存器配置 2. STM32F411 的定时器寄存器配置、时钟分析 3. STM32F411 的串口寄存器配置、NVIC 优先级配置
推荐教学方式	由浅入深，从 ARM 架构的发展历程到意法半导体的二次开发设计，层层递进。从认知到动手实践，提高学生对 STM32 系列芯片的认识，引导学生学习寄存器的配置，建立牢固的知识框架，通过源码分析，使学生能独自完成对 STM32F411 微控制器的代码编写。促进学生理解其架构的设计原理，吸收优秀的编程思想，提高自身的创新水平
推荐学习方式	由浅入深，认真分析 STM32 微控制器架构与外设设计，充分理解其设计方案。建立牢固的寄存器配置框架，通过借鉴示例代码，充分吸收其编程思想，做到为我所用。要亲手练习其示例代码，步步为营，学会程序移植与创新

任务 2.1　说一说 ARM Cortex-M4 内核

本任务旨在简单地介绍一下 ARM 内核，如对该内核有更多兴趣，可以查阅相关资料。

2.1.1　ARM 的追本溯源

20 世纪 80 年代中期，Acorn 这个小团队接受了一个挑战，为他们的下一代计算机挑选合适的处理器，在经过一系列的摸索后，无法找到符合他们要求的产品，于是决定自己设计，也就是当时第一代 32 位、6MHz 的处理器，并用它开发了一台 RISC 指令集的计算机，简称 ARM（Acorn RISC Machine），这就是 ARM 这个名字的由来。

20 世纪 90 年代，Acorn 公司正式重组为 ARM 计算机公司，由苹果、VLSI、Acorn 本身以及 12 名工程师入股。

20 世纪 90 年代，ARM 32 位嵌入式处理器发展到全世界，成为低功耗、高性能、低成本嵌入式市场领域的领头者。

ARM 公司不生产芯片，也不销售芯片，它只出售芯片技术授权。

2.1.2　Cortex-M4 基础

ARM 公司出售芯片技术授权，通俗点可以理解为：ARM 公司是一个房子的结构设计师，设计好一个房子的结构后（架构），在这个结构上，设计出一个豪华单间的款式（内核），而那些芯片厂商，就买 ARM 公司提供的图样去设计这个房子，假设那些芯片厂商觉得一个单间不够，还提出一些诸如厨房、院子的需求，ARM 公司就继续设计这个厨房和院子，然后这个带厨房和院子的豪华单间，就是一个新的基于这个架构的内核。而架构的更新换代，就体现在房子结构的不同，比如平房结构（ARMv5）、大厦结构（ARMv6）、别墅结构（ARMv7）等。

ARM 有众多架构，例如 ARMv5、ARMv6、ARMv7-M、ARMv7-A、ARMv7-R 等，从 ARMv7 开始，架构开始有 3 个分支：ARMv7-M、ARMv7-A、ARMv7-R，其侧重点都不一样，v7-A 侧重于运行复杂应用程序的处理器，v7-R 侧重于硬实时且高性能的处理器，v7-M 侧重于低成本、低功耗、高嵌入的实时系统。

在早期，ARM 都是以数字后添加字母后缀来命名，例如 ARM7TDMI，就是一款基于 ARM7 架构的处理器，T 代表支持 Thumb 指令集，D 是指支持 JTAG 调试，M 指快速乘法器，I 则对应于一个嵌入式 ICE 模块。后来，基本所有的新产品都具有这四项功能，于是就不使用这四个字母后缀了，但依然有其他一些新的字母后缀加入，但自 ARMv7 起，后续基于这些架构开发的处理器就都统一称为 Cortex 了。

Cortex-Mx 系列主要包括 Cortex-M0、Cortex-M3、Cortex-M4、Cortex-M7，本书主要采用的微控制器 STM32F411VE 就是基于 Cortex-M4 处理器的产物。

Cortex-M4 处理器基于 ARMv7-M 架构，发布时，架构中又额外增加了新的指令和特性，改进后的架构也被称为 ARMv7E-M。该处理器集成了 32 位控制器和领先的数字信号处理技术，采用一个扩展的单时钟周期乘法累加单元、一个可选的单精度浮点单元、优化的单指令多数据指令以及饱和运算指令。

2.1.3　Cortex-M4 处理器的优点

该内核主要有如下几个优点一直支撑着该系列产品成为行业的标杆：

1）性能强劲。

2）实时性好。

3）功耗低。

4）代码密度有很大的改善。

5）使用极其方便。

6）低成本的整体解决方案。

7）各种优秀的开发环境。

2.1.4　Cortex-M4 处理器指令系统简介

ARM 处理器有两个指令集：ARM 指令、Thumb 指令，对应两种状态：ARM 状态和 Thumb 状态。

从功能上来说，Thumb 指令集是 ARM 指令集的一个子集。

Thumb 指令集的问世，是从 ARMv4T 架构开始的，那时候只支持 16 位，ARM 指令集是 32 位的。后来到了 ARMv6 架构，优化后的 Thumb-2 指令集出现在人们面前，它是 Thumb 指令集的超集，同时支持 16 位和 32 位指令。

Thumb-2 是一个突破性的指令集，非常强大、易用、高效。它是 16 位 Thumb 指令集的超集，在 Thumb-2 中，16 位指令首次与 32 位指令并存，使得在 Thumb 状态下可以做的事情变得更丰富，需要的指令周期数也明显缩短。

从 ARM 提供的 M4 权威指南中可以看出，Cortex-M4 处理器抛弃了 ARM 指令集，全都是 Thumb 指令集。

2.1.5　Cortex-M4 处理器适用领域

Cortex-M4 处理器适用领域如下：

1）汽车电子。

2）低成本的单片机应用。

3）消费类电子。

4）工业控制。

5）数据通信领域。

2.1.6　任务实训

实训内容：使用 STM32 工具，进行芯片的选择，新建工程。

操作步骤如下：

步骤 1：新建工程，使用 STM32CubeMX 工具新建工程，如图 2-1 所示。

步骤 2：选择芯片的型号，如图 2-2 所示。

步骤 3：配置并使能 RCC 时钟引脚，如图 2-3 所示。

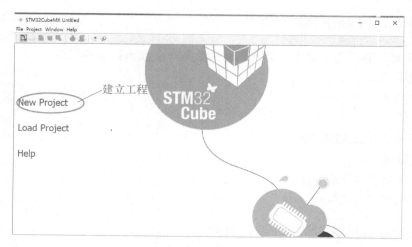

图 2-1　新建工程

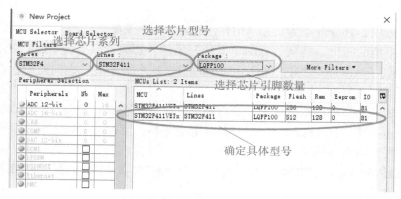

图 2-2　选择芯片型号

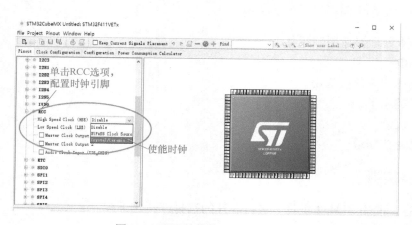

图 2-3　配置并使能 RCC 时钟引脚

步骤4：配置时钟树（从左到右，配置完成后请尽量保存配置），如图 2-4 所示。

步骤5：生成工程，如图 2-5 和图 2-6 所示。

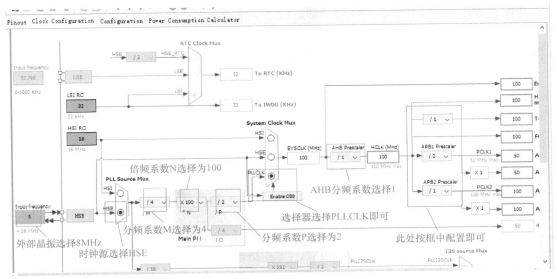

图 2-4　配置时钟树

图 2-5　生成工程 1

图 2-6　生成工程 2

至此，芯片的选择和工程的新建全部完成。

任务 2.2　STM32 微控制器初探

本任务采用的芯片型号为 STM32F411VE，该芯片采用 ARM Cortex-M4 处理器，此处主要讲解该芯片的各种资源和外设。

2.2.1　STM32 学习方法

STM32F4 系列是最热门的 ARM Cortex-M4 处理器，很多人一开始都接触的是 51 单片机，51 单片机没有库函数，因为它的寄存器非常少，直接操作寄存器就好了，后来接触 STM32F4，被如此之多的寄存器吓到，其实 STM32 单片机有很多库函数方便开发，虽然也可以使用直接操作寄存器的方式，但使用官方提供的库会让开发周期和维护时间变短，而且利于二次开发升级，所以下面总结了 STM32F4 几个重要的学习方法。

1）一个硬件实验平台或一款实用的开发板。学习一款芯片，最重要的就是需要一个硬件实验平台或者一款开发板，前者集成了开发板和各种实用的基础外设、传感器、应用场景等；后者则比较简单，但其小巧可随身携带。不管是哪种，学习 STM32F4 都必须有其中一个。

2）几个重要的官方提供的参考资料。官方提供的资料永远是最权威的，这里举例三本最经典的参考书籍：《ARM Cortex-M3 与 Cortex-M4 权威指南》《STM32F4xx 中文参考手册》《STM32F3 与 F4 系列 Cortex M4 内核编程手册》，以及本书中所讲芯片 STM32F411VE 的数据手册，其中《ARM Cortex-M3 与 Cortex-M4 权威指南》讲解 Cortex-M4 系列处理器的底层原理，《STM32F4xx 中文参考手册》讲解 STM32F4xx 系列的各种基础外设和资源，以及寄存器等，最后一本内核手册比较难以理解，对于 Cortex-M4 内核不感兴趣的人可以不看，数据手册就每一款芯片分别讲解了它们自身的特性和资源，这些资料是学习 STM32F4 处理器必备的。

3）注重实践，勤敲代码。在有了上面所说的准备工作后，接下来就是代码部分了。代码只能通过熟练度来提升，还可以多看一些大牛写的代码，并从中吸取他们的代码风格，以及如何优化代码、精简代码等。

4）扩展外设且至少学习一种操作系统。

5）STM32F4 的资源非常丰富，可用的外设非常多，且可扩展，可外接 SRAM、SD 卡，以及可进行网络通信等。

操作系统在嵌入式开发中必不可少，比如后面使用的 LiteOS 操作系统，所有嵌入式开发人员都必须至少熟练操作一种系统，例如 FreeRTOS、LiteOS 等。

2.2.2　芯片描述

STM32F411xE 基于高性能的 Cortex-M4 32-RISC（精简指令集）内核，工作频率高达 100MHz，它与 M3 最大的不同就是具有一个单精度的浮点单元（FPU），支持所有 ARM 单精度数据处理指令和数据类型，还包括了一整套 DSP 指令和一个内存保护单元（MPU），可增强应用程序的安全性。

STM32F411xE 集成了高速嵌入式存储器，具有高达 512KB 的闪存，128KB 的 SRAM，以及连接到两条 APB 总线、两条 AHB 总线和一个 32 位多层 AHB 总线矩阵的各种增强型 I/O 和外设。

外设包括一个 12 位 ADC、一个低功耗 RTC、六个通用 16 位定时器、两个通用 32 位定时器以及其他标准和高级通信接口，比如三个 I2C、五个 SPI、五个 I2S、三个 USART、一个 SDIO 接口、一个 USB2.0 OTG 全速接口等。

STM32F411xE 工作温度范围为 –40 ~ 125℃，电压范围为 1.7 ~ 3.6V，并且其具有一套全面的省电模式方便开发低功耗应用。

2.2.3　总线架构

相比于 51 单片机，STM32F411 的总线架构复杂且强大得多。图 2-7 所示为 STM32F411xE 的多层 AHB 总线矩阵的架构图，它是从 STM32F411xC/xE 的芯片手册中截取的，如需了解更多相关项目信息，可参阅《STM32F4xx 中文参考手册》。

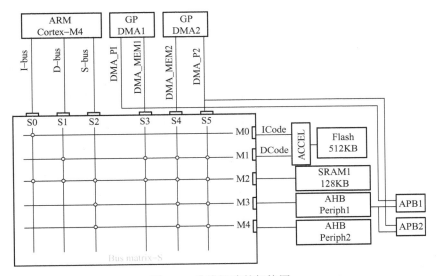

图 2-7　总线矩阵的架构图

从图 2-7 可以看出，主系统由这个 32 位的多层 AHB 总线矩阵构成，用于主控总线之间的访问仲裁管理。总线矩阵可实现以下部分互联：

1. 主控总线

1）Cortex-M4 主控总线：I-bus、D-bus、S-bus。

2）DMA1 存储总线。

3）DMA2 存储总线。

2. 被控总线

1）内部 Flash 总线：ICode、DCode。

2）SRAM1（128KB）。

3）AHB1 外设和 AHB2 外设。

2.2.4 时钟系统

时钟系统就像人的心跳一样是 CPU 的脉搏,所以学习时钟系统对于学习 STM32 的重要性不言而喻。之前学习的 51 单片机,只有一个系统时钟,但 STM32 却有很多个时钟源,有高速率外设,也有低速率外设,需要的时钟源不同,图 2-8 是从《STM32F4xx 中文参考手册》中截取的时钟树图。

3. 时钟树

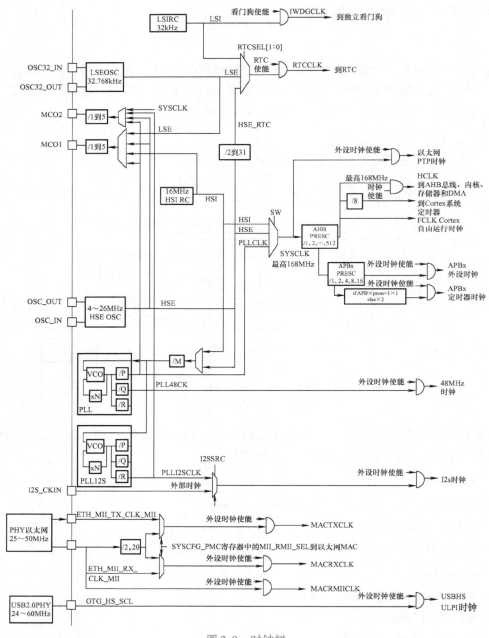

图 2-8 时钟树

从图中可以看出，STM32F4 有 5 个重要的时钟源：HSI、HSE、LSI、LSE、PLL。根据时钟频率可分为高速和低速时钟源，HSI、HSE 以及 PLL 是高速时钟源，LSI 和 LSE 是低速时钟源。根据来源可分为外部和内部时钟源，外部时钟源由所连的外部晶振提供，HSE 和 LSE 是外部时钟源，HSI、LSI、PLL 是内部时钟源。

下面主要介绍下这五个时钟源：

1）LSI：低速内部时钟，频率为 32kHz，一般为独立看门狗和自动唤醒单元使用。

2）LSE：低速外部时钟，频率为 32.768kHz，主要供 RTC 使用。

3）HSE：高速外部时钟，频率范围为 4~26MHz，可作为系统时钟。

4）HSI：高速内部时钟，频率为 16MHz，可作为系统时钟。

5）PLL：STM32F4 有两个 PLL。

① 主 PLL（PLL），由 HSE 或 HSI 提供，它有两个输出时钟：

PLLP：用于生成高速的系统时钟。

PLLQ：用于生成 USB、OTG、FS 的时钟，随机数发生器的时钟和 SDIO 时钟。

② 专用 PLL（PLLI2S），用于生成精确时钟，从而在 I2S 接口实现高品质音频性能。

2.2.5　中断管理

CM4 内核支持 256 个中断，包含 16 个内核中断和 240 个外部中断，且有 256 级的可编程中断设置。但 STM32F4 只使用了该内核的一部分，STM32F411xE 有 92 个中断，包括 10 个内核中断和 82 个可屏蔽中断，具有 16 级可编程的中断优先级。

中断采用分组和优先级设置，一共有 5 个组，各组情况见表 2-1。

表 2-1　分组优先级

分　　组	分配结果
0	0 位抢占优先级，4 位响应优先级
1	1 位抢占优先级，3 位响应优先级
2	2 位抢占优先级，2 位响应优先级
3	3 位抢占优先级，1 位响应优先级
4	4 位抢占优先级，0 位响应优先级

抢占优先级高于响应优先级，抢占优先级高的中断可以打断抢占优先级低的中断；抢占优先级相同的中断间不能相互打断，需要等这个中断执行完成后，才会执行下一个中断；而当两个抢占优先级相同，响应优先级不同的中断同时发生时，响应优先级高的先执行。

中断向量表用来存储每个中断发生时的入口地址，当一个中断触发时，会从中断向量表中找到中断子函数的入口地址，然后跳转执行。

设置中断主要有以下三步：

1）设置中断优先级分组。

2）设置中断优先级。

3）使能 NVIC 中的该中断。

2.2.6　任务实训

实训内容：制作一个按键秒表中断实验。

具体实验步骤如下：

步骤1：新建工程（使用 STM32CubeMX 工具），详细步骤参考 2.1.6 节任务实训的内容。

步骤2：编译新建工程（验证新生成的工程有没有错误），使用 IAR 进行编译，如图 2-9 所示。

图 2-9　编译新建工程

步骤3：移植外设驱动库（把成品的驱动库文件复制到新建工程的驱动目录下），如图 2-10 所示。

图 2-10　移植外设驱动库

步骤4：在新建工程目录下的 Drivers 里面新建 Group，生成 BSP 文件夹，如图 2-11 所示。

步骤5：在 BSP 文件夹下添加 .c 文件，图 2-12 方框内为需要添加的库函数。

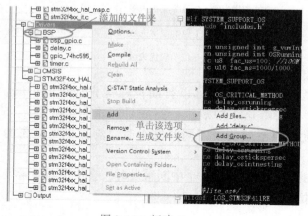

图 2-11　新建 Group

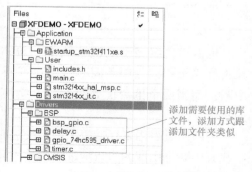

图 2-12　添加 .c 文件

步骤6：添加驱动库的路径，如图2-13所示。

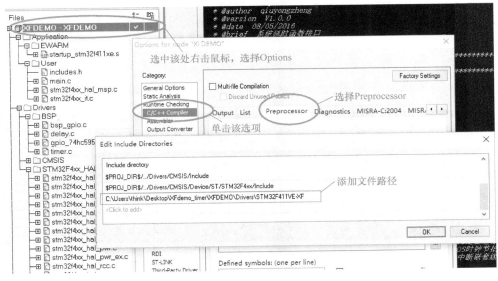

图2-13　添加驱动库路径

步骤7：定义宏，主要是对宏进行编译，如图2-14所示。

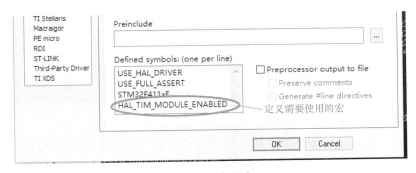

图2-14　定义宏

步骤8：在timer.c中的定时器中断服务函数。HAL_TIM_PeriodElapsedCallback（TIM_HandleTypeDef ＊htim）中添加计数部分代码，代码如下所示：

```
time ++ ;
ge =   time% 10;
shi = time/10% 10;
bai = time/100% 10;
qian = time/1000% 10;
if(qian == 9 &&bai == 9 &&shi == 9 &&ge == 9 )
{
    time =0;
}
SET_SHOW_595(qian,bai,shi,ge); /＊单位是200ms＊/
```

步骤9：在 includes. h 下添加与数码管和定时器有关的头文件，代码如下：

```
#include <delay. h>
#include <bsp_gpio. h>
#include "timer. h"
#include <gpio_74hc595_driver. h>
```

步骤10：在 main. c 下添加#include <includes. h>头文件，如图 2-15 所示。

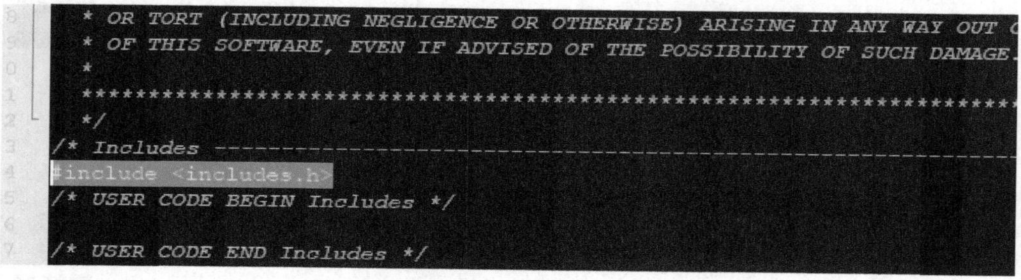

图 2-15　. h 头文件

步骤11：在 main 函数下添加初始化函数，如图 2-16 所示。

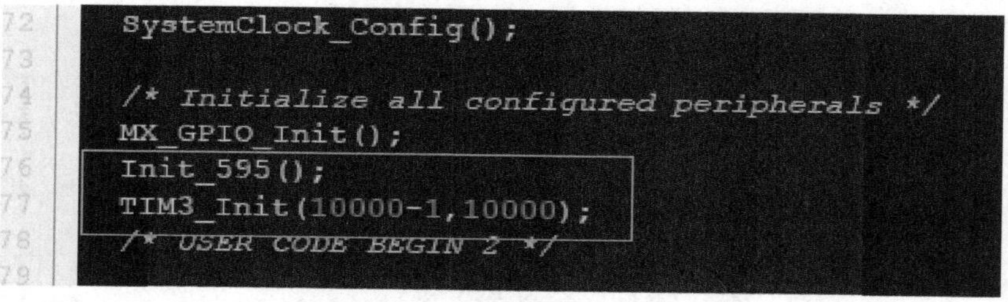

图 2-16　初始化函数

步骤12：在 while（1）循环下添加数码管实时扫描函数，如图 2-17 所示。

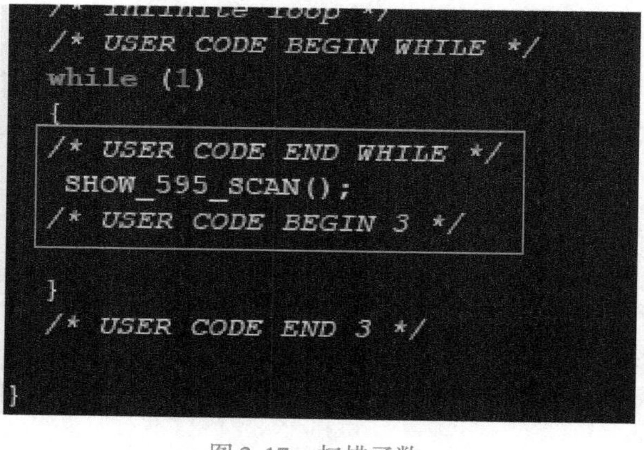

图 2-17　扫描函数

步骤13：下载程序验证秒表是否正常运行，通过 ST-LINK 仿真器连接物联网认证实验箱，如图 2-18 所示，秒表中断效果如图 2-19 所示。

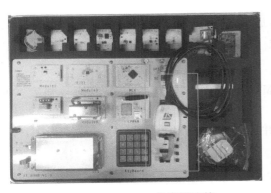

图 2-18　ST-LINK 仿真器连接

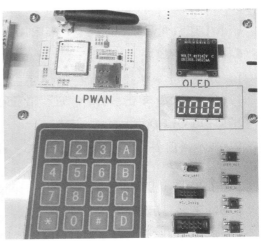

图 2-19　秒表中断效果

任务 2.3　硬件实验平台与开发环境搭建操作

本任务主要讲解硬件实验平台和开发环境的搭建。

2.3.1　硬件实验平台介绍

本书中使用的是一个实验箱,该实验箱包含了众多模块,为了让读者可以更加方便地开发 STM32F411VE 芯片以及加深对 LiteOS 操作系统的掌握,并对 NB-IoT 模块进行开发,我们准备了一套完整的硬件实验平台——物联网认证实验箱。

2.3.2　硬件实验平台资源

该实验箱有众多模块,能够满足读者开发 STM32 和 NB-IoT 以及学习 LiteOS 的任何需求,其主要包括:

1. NB-IoT 通信模块

可通过它获得网络时间以及进行通信。

2. 蓝牙模块

1)与手机蓝牙进行连接和数据通信。

2)通过蓝牙连接手机获取手机时间。

3. 7 个传感器模块

主要有:温度、湿度、光敏、陀螺仪、红外体温、霍尔、电流。

4. 射频模块

主要包括 13.56MHz 模块和 2.4GHz 模块。

5. GPS

获取 UTC（世界统一时间）Data 和 UTC Time。

6. 语音通话模块

1）5in⊖屏上显示拨号界面，输入手机号后可进行拨号功能的演示。

2）来电显示，单击接听后，进行语音通话。

7. 2.4in OLED

1）显示当前各个通信模块（BC95、eM300、蓝牙）的组网情况、信号强度、通信数据。

2）在 NB-IoT 联网时自动同步当前时间并显示。

8. 5in 液晶显示屏

1）显示当前时间，各个通信模块的连接情况、组网情况、信号强度。

2）显示传感器采集的数据。

3）可设定阈值自动控制步进电动机和电子锁。

4）可手动单击控制步进电动机、电子锁。

9. 矩阵按键

获取按键值。

10. 数码管

当连接 NB-IoT 网络时，自动同步当前时间并显示。

2.3.3 IAR 介绍

IAR Embedded Workbench（简称为 IAR）是一套用于编译和调试嵌入式系统应用程序的开发工具，支持汇编、C 和 C++ 语言。它提供完整的集成开发环境，包括工程管理器、编辑器、编译链接工具和 C-SPY 调试器。IAR 以其高度优化的编译器而闻名。每个 C/C++ 编译器不仅包含一般全局性的优化，也包含针对特定芯片的低级优化，以充分利用所选芯片的所有特性，确保较小的代码尺寸。IAR 能够支持由不同的芯片制造商生产的且种类繁多的 8 位、16 位或 32 位芯片。

2.3.4 IAR 开发环境安装

进入 IAR 官网（www.iar.com），下载 IAR 开发环境的安装包。

下载完后，双击安装包，出现 IAR 安装进度，如图 2-20 所示。

等待进度条加载完，出现"IAR Embedded Workbench"页面，如图 2-21 所示，然后单击"Install IAR Embedded Workbench"。

开始进行安装，如图 2-22 所示，单击"Next"（下一步）。

之后出现如图 2-23 所示画面，选择第一个同意许可，然后单击"Next"。

⊖ 1in = 2.54cm。

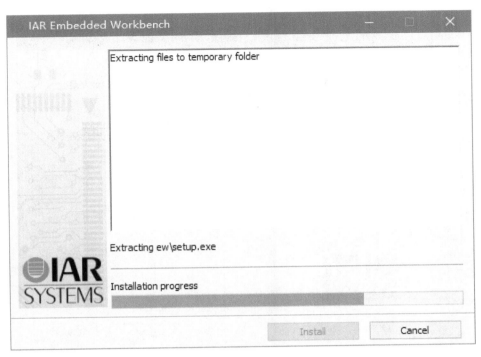

图 2-20　IAR 安装进度

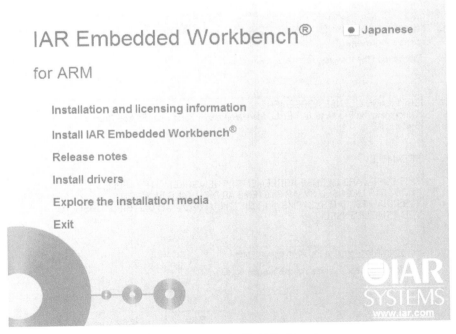

图 2-21　IAR Embedded Workbench

　　单击"Next"后，出现如图 2-24 所示界面，单击"Change"来选择安装的路径，再单击"Next"。

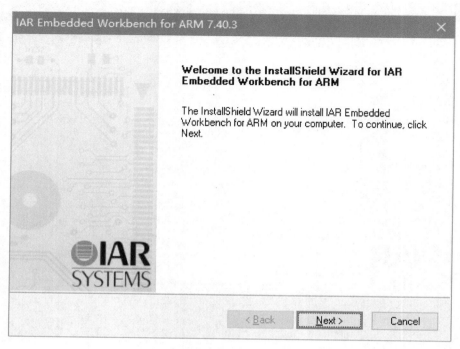

图 2-22　IAR 嵌入式工作台

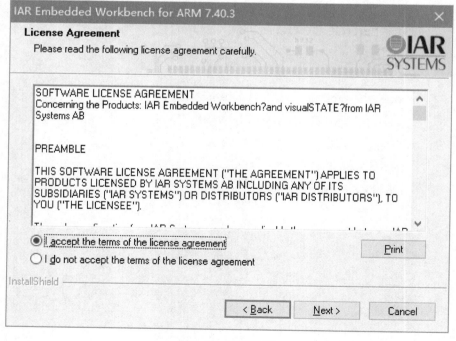

图 2-23　同意许可

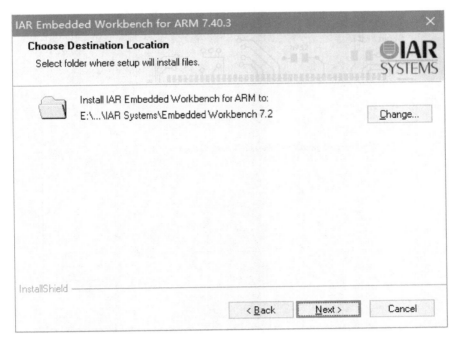

图 2-24　安装路径

单击"Next"后，出现如图 2-25 所示界面，单击开始安装中的"Install"按钮进行安装，出现安装进度，如图 2-26 所示，安装过程比较慢，请耐心等待。

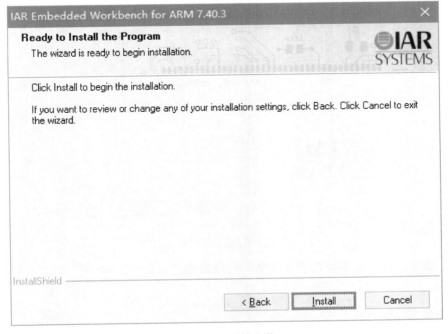

图 2-25　开始安装

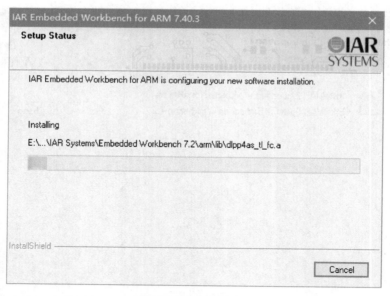

图 2-26　安装进度

当出现图 2-27 所示界面时，表示安装成功，单击"Finish"按钮完成安装。

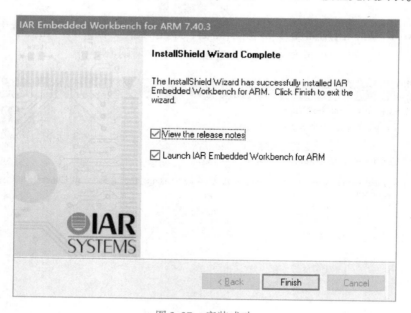

图 2-27　安装成功

安装完成后，会有很多驱动需要安装，按照提示，全部安装即可。至此，IAR 软件就安装成功了。

2.3.5　任务实训

实训内容：编写一个 LED 测试实验。

实验步骤如下：

步骤1：新建工程（使用 STM32CubeMX 工具），详细步骤参考 2.1.6 节任务实训的内容。

步骤2：编译新建工程（验证新生成的工程有没有错误），使用 IAR 进行编译，如图 2-28 所示。

图 2-28　编译新建工程

步骤3：移植外设驱动库（把成品的驱动库文件复制到新建工程的驱动目录下），如图 2-29 所示。

图 2-29　移植外设驱动库

步骤4：在新建工程目录下的 Drivers 里面新建 Group，生成 bsp 文件夹，如图 2-30 所示。

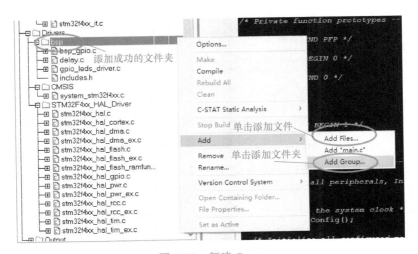

图 2-30　新建 Group

步骤 5：在 bsp 文件夹下添加 . c 文件，需要添加的库函数在图 2-31 中用方框标记出。

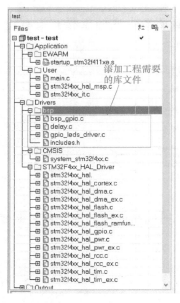

图 2-31　添加 . c 文件

步骤 6：添加驱动库的路径，如图 2-32 所示。

图 2-32　添加驱动库的路径

步骤 7：在 includes. h 下添加相关头文件（LED 灯），代码如下所示：

```
/*bsp*/
#include <delay.h>
#include <bsp_gpio.h>
#include <gpio_leds_driver.h>
```

步骤 8：在 main. c 下添加#include ＜includes. h＞头文件，如图 2-33 所示。

```
 * OR TORT (INCLUDING NEGLIGENCE OR OTHERWISE) ARISING IN ANY WAY OUT O
 * OF THIS SOFTWARE, EVEN IF ADVISED OF THE POSSIBILITY OF SUCH DAMAGE.
 *
 ******************************************************************************
 */
/* Includes ------------------------------------------------------------------
#include <includes.h>
/* USER CODE BEGIN Includes */

/* USER CODE END Includes */
```

图 2-33 添加 . h 头文件

步骤 9：在 main 函数下添加初始化函数，如图 2-34 所示。

```
/* USER CODE BEGIN 1 */

/* USER CODE END 1 */

/* MCU Configuration----------------------------------------------------------*/

/* Reset of all peripherals, Initializes the Flash interface and the Systick. */
HAL_Init();

/* Configure the system clock */
SystemClock_Config();

/* Initialize all configured peripherals */
MX_GPIO_Init();
LEDs_Init();
/* USER CODE BEGIN 2 */
```

LED灯引脚初始化函数

图 2-34 初始化函数

步骤 10：在 while（1）循环下添加 LED 灯流水功能相关代码，如图 2-35 所示。

```
/* Infinite loop */
/* USER CODE BEGIN WHILE */
while (1)
{
/* USER CODE END WHILE */
      control_Led( LED_1, 1 );
      delay_ms( 500 );
      control_Led( LED_1, 0 );
      delay_ms( 500 );
      control_Led( LED_2, 1 );
      delay_ms( 500 );
      control_Led( LED_2, 0 );
      delay_ms( 500 );
      control_Led( LED_3, 1 );
      delay_ms( 500 );
      control_Led( LED_3, 0 );
      delay_ms( 500 );
/* USER CODE BEGIN 3 */

}
/* USER CODE END 3 */

}
```

图 2-35 添加流水灯相关代码

步骤11：下载程序验证 LED 是否能正常点亮，计算机通过 ST-LINK 仿真器连接物联网认证实验箱，如图 2-36 所示，LED 测试实验效果如图 2-37 所示。

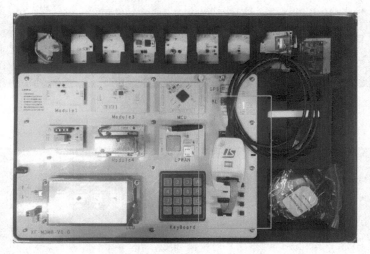

图 2-36 ST-LINK 仿真器连接物联网认证实验箱

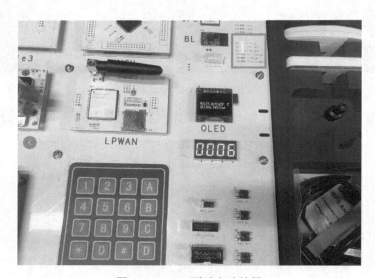

图 2-37 LED 测试实验效果

任务 2.4 STM32 I/O 口基本操作

本任务将要讲解 STM32F4 的 HAL 库以及简单的 I/O 口基本操作。

2.4.1 STM32F4xx_HAL_Driver 简介

STM32F4 的 HAL 库文件组成如图 2-38 所示。

其中每个 c 文件对应一个外设，每个外设可以调用的底层接口，在与其对应的头文件中可以找到。

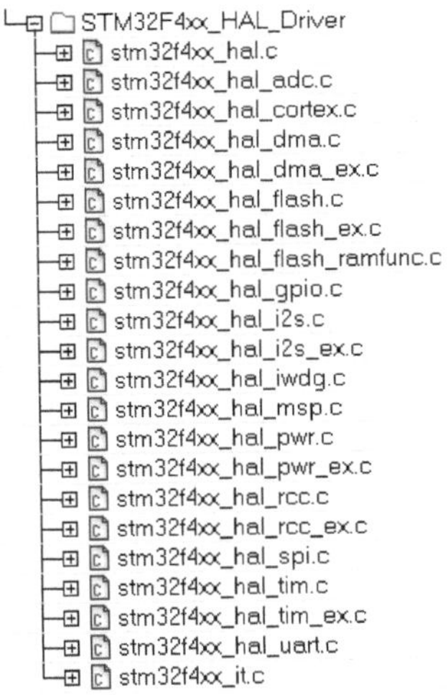

```
└┬─☐ STM32F4xx_HAL_Driver
 ├─⊞ ☐ stm32f4xx_hal.c
 ├─⊞ ☐ stm32f4xx_hal_adc.c
 ├─⊞ ☐ stm32f4xx_hal_cortex.c
 ├─⊞ ☐ stm32f4xx_hal_dma.c
 ├─⊞ ☐ stm32f4xx_hal_dma_ex.c
 ├─⊞ ☐ stm32f4xx_hal_flash.c
 ├─⊞ ☐ stm32f4xx_hal_flash_ex.c
 ├─⊞ ☐ stm32f4xx_hal_flash_ramfunc.c
 ├─⊞ ☐ stm32f4xx_hal_gpio.c
 ├─⊞ ☐ stm32f4xx_hal_i2s.c
 ├─⊞ ☐ stm32f4xx_hal_i2s_ex.c
 ├─⊞ ☐ stm32f4xx_hal_iwdg.c
 ├─⊞ ☐ stm32f4xx_hal_msp.c
 ├─⊞ ☐ stm32f4xx_hal_pwr.c
 ├─⊞ ☐ stm32f4xx_hal_pwr_ex.c
 ├─⊞ ☐ stm32f4xx_hal_rcc.c
 ├─⊞ ☐ stm32f4xx_hal_rcc_ex.c
 ├─⊞ ☐ stm32f4xx_hal_spi.c
 ├─⊞ ☐ stm32f4xx_hal_tim.c
 ├─⊞ ☐ stm32f4xx_hal_tim_ex.c
 ├─⊞ ☐ stm32f4xx_hal_uart.c
 └─⊞ ☐ stm32f4xx_it.c
```

图 2-38　HAL 库文件组成

这里举个例子，假设需要使用一个 I/O 口作为电压输出驱动 LED，那么可以调用 stm32f4xx_hal_gpio.h 里声明的接口，首先在编写的代码最前面包含 stm32f4xx_hal_gpio.h，这个头文件供用户使用的所有接口如下所示：

```c
/* Exported functions ----------------------------- */
/** @ addtogroup GPIO_Expo rted_Functions
  * @{
  */
/** @ addtogroup GPIO_Exported_Functions_Group1
  * @{
  */
/*Initialization and de-initialization functions ***************************/
void  HAL_GPIO_Init (GPIO_TypeDef * GPIOx, GPIO_InitTypeDef * GPIO_Init);
void  HAL_GPIO_DeInit (GPIO_TypeDef * GPIOx, uint32_t GPIO_Pin);
/**
  * @}
  */
/** @ addtogroup GPIO_Exported_Funct i ons_Group2
  * @{
  */
/* IO operation functions ***********************************************/
GPIO_PinState HAL_GPIO_ReadPin (GPIO_TypeDef * GPIOx, uint16_t GPIO_Pin);
void HAL_GPIO_WritePin (GPIO_TypeDef * GPIOx, uint16_t GPIO_Pin, GPIO_PinState
PinState);
void HAL_GPIO_TogglePin(GPIO_TypeDef * GPIOx, uint16_t GPIO_Pin);
HAL_StatusTypeDef HAL_GPIO_LockPin(GPIO_TypeDef * GPIOx, uint16_t GPIO_Pin);
void HAL_GPIO_EXTI_IRQHandler (uint16_t GPIO_Pin);
void HAL_GPIO_EXTI_Callback(uint16_t GPIO_Pin);
```

其中，主要用到的几个函数的解释如下：

1）HAL_GPIO_Init：用于 GPIO 口的初始化设置。

2）HAL_GPIO_DeInit：用于复位 GPIO 口的设置。

3）HAL_GPIO_ReadPin：读取所指定 GPIO 引脚的输入。

4）HAL_GPIO_WritePin：写 GPIO 口，即指定 GPIO 口的输出状态。

5）HAL_GPIO_TogglePin：反转 GPIO 口状态。

6）HAL_GPIO_EXTI_IRQHandler：当前 GPIO 口的中断入口。

2.4.2 I/O 口基本寄存器配置

1. STM32 I/O 口简介

STM32F4 的 I/O 口比较复杂，有 4 个 32 位配置寄存器、2 个 32 位数据转换器、1 个 32 位置位/复位寄存器、1 个 32 位锁定寄存器和 2 个 32 位复位功能选择寄存器等。由于寄存器太多，直接操作寄存器不仅会增大代码量，降低代码的易读性和可移植性，而且要记住每个寄存器非常难，需要很长的时间，所以下面会讲解使用库函数的方法来配置 I/O 口。

STM32 库函数是由 ST 官方提供的一个供用户方便开发 STM32 系列芯片的一种库，或者称为底层接口。该接口极大程度地缩短了 STM32 芯片的开发周期，让本来性能和功耗就有优势的 STM32 系列芯片具有更广阔的使用群体。

STM32 I/O 口可由软件配置为如下 8 种模式中的任何一种：

1）输入浮空。

2）输入上拉。

3）输入下拉。

4）模拟输入。

5）开漏输出。

6）推挽输出。

7）推挽式复用功能。

8）开漏式复用功能。

配置一个 GPIO 口作为输出控制 LED 的基本控制有如下几步：

1）使能对应的 GPIO 口时钟。

2）定义结构体，并给结构体赋值。

3）调用底层函数，把结构体的值传入，初始化 GPIO。

4）复位当前 I/O 口状态。

经过如上几步，I/O 口就配置为输出状态，且初始化为需要的状态（输出高电压或者输出低电压）。

2. 相关寄存器

GPIO 口相关寄存器主要有：MODER、OTYPER、OSPEEDR、PUPDR、ODR、IDR、BSRR。

（1）MODER

该寄存器是 GPIO 端口模式控制寄存器，用于控制 GPIOx 的工作模式，具体描述如图 2-39 所示。

31	30	29	28	27	26	25	24	23	22	21	20	19	18	17	16
MODER15[1:0]		MODER14[1:0]		MODER13[1:0]		MODER12[1:0]		MODER11[1:0]		MODER10[1:0]		MODER9[1:0]		MODER8[1:0]	
rw	rw	rw	rw	rw	rw	rw	rw	rw	rw	rw	rw	rw	rw	rw	rw

15	14	13	12	11	10	9	8	7	6	5	4	3	2	1	0
MODER7[1:0]		MODER6[1:0]		MODER5[1:0]		MODER4[1:0]		MODER3[1:0]		MODER02[1:0]		MODER1[1:0]		MODER0[1:0]	
rw	rw	rw	rw	rw	rw	rw	rw	rw	rw	rw	rw	rw	rw	rw	rw

MODERy[1:0]：端口×配置位(Port×configuration bits)(y=0, 1, ···, 15)
这些位通过软件写入，用于配置I/O端口方向模式
00：输入(复位状态)
01：通用输出模式
10：复用功能模式
11：模拟模式

图 2-39　工作模式描述

（2）OTYPER

该寄存器用于控制 GPIOx 的输出类型，该寄存器的描述如图 2-40 所示。

31	30	29	28	27	26	25	24	23	22	21	20	19	18	17	16
Reserved															
15	14	13	12	11	10	9	8	7	6	5	4	3	2	1	0
OT15	OT14	OT13	OT12	OT11	OT10	OT9	OT8	OT7	OT6	OT5	OT4	OT3	OT2	OT1	OT0
rw	rw	rw	rw	rw	rw	rw	rw	rw	rw	rw	rw	rw	rw	rw	rw

位31～16　保留，必须保持复位值

位15～0　OTy[1:0]：端口×配置位(Port×configuration bits)(y=0, 1, ···, 15)
这些位通过软件写入，用于配置I/O端口的输出类型
0：输出推挽(复位状态)
1：输出开漏

图 2-40　寄存器描述

（3）OSPEEDR

该寄存器用于控制 GPIOx 的输出速度，描述如图 2-41 所示。

31	30	29	28	27	26	25	24	23	22	21	20	19	18	17	16
OSPEEDR15[1:0]		OSPEEDR14[1:0]		OSPEEDR13[1:0]		OSPEEDR12[1:0]		OSPEEDR11[1:0]		OSPEEDR10[1:0]		OSPEEDR9[1:0]		OSPEEDR8[1:0]	
rw	rw	rw	rw	rw	rw	rw	rw	rw	rw	rw	rw	rw	rw	rw	rw

15	14	13	12	11	10	9	8	7	6	5	4	3	2	1	0
OSPEEDR7[1:0]		OSPEEDR6[1:0]		OSPEEDR5[1:0]		OSPEEDR4[1:0]		OSPEEDR3[1:0]		OSPEEDR2[1:0]		OSPEEDR1[1:0]		OSPEEDR0[1:0]	
rw	rw	rw	rw	rw	rw	rw	rw	rw	rw	rw	rw	rw	rw	rw	rw

位2y～2y+1　OSPEEDRy[1:0]：端口×配置位(Port×configuration bits)(y=0, 1, ···, 15)
这些位通过软件写入，用于配置I/O端口输出速度
00：2MHz(低速)
01：25MHz(中速)
10：50MHz(快速)
11：30pF时为100MHz(高速)(15pF时为80MHz输出(最大速度))

图 2-41　输出速度描述

（4）PUPDR

该寄存器用于控制端口模式（上拉/下拉），描述如图 2-42 所示。

31	30	29	28	27	26	25	24	23	22	21	20	19	18	17	16
PUPDR15[1:0]		PUPDR14[1:0]		PUPDR13[1:0]		PUPDR12[1:0]		PUPDR11[1:0]		PUPDR10[1:0]		PUPDR9[1:0]		PUPDR8[1:0]	
rw	rw	rw	rw	rw	rw	rw	rw	rw	rw	rw	rw	rw	rw	rw	rw
15	14	13	12	11	10	9	8	7	6	5	4	3	2	1	0
PUPDR7[1:0]		PUPDR6[1:0]		PUPDR5[1:0]		PUPDR4[1:0]		PUPDR3[1:0]		PUPDR2[1:0]		PUPDR1[1:0]		PUPDR0[1:0]	
rw	rw	rw	rw	rw	rw	rw	rw	rw	rw	rw	rw	rw	rw	rw	rw

PUPDRy[1:0]：端口×配置位(Port×configuration bits)(y=0, 1, …, 15)
这些位通过软件写入，用于配置I/O端口上拉或下拉
00：无上拉或下拉
01：上拉
10：下拉
11：保留

图 2-42　端口模式描述

（5）ODR

该寄存器为 GPIOx 端口输出数据寄存器，详细描述如图 2-43 所示。

31	30	29	28	27	26	25	24	23	22	21	20	19	18	17	16
Reserved															
15	14	13	12	11	10	9	8	7	6	5	4	3	2	1	0
ODR15	ODR14	ODR13	ODR12	ODR11	ODR10	ODR9	ODR8	ODR7	ODR6	ODR5	ODR4	ODR3	ODR2	ODR1	ODR0
rw	rw	rw	rw	rw	rw	rw	rw	rw	rw	rw	rw	rw	rw	rw	rw

位31~16　保留，必须保持复位值
位15~0　ODRy[15:0]：端口输出数据(Port output data)(y=0, 1, …, 15)
这些位可通过软件读取和写入
注意：通过写入GPIOx_BSRR寄存器，可分别对ODR位进行置位和复位

图 2-43　端口输出描述

（6）IDR

该寄存器控制 GPIOx 端口输入数据寄存器，详细描述如图 2-44 所示。

31	30	29	28	27	26	25	24	23	22	21	20	19	18	17	16
Reserved															
15	14	13	12	11	10	9	8	7	6	5	4	3	2	1	0
IDR15	IDR14	IDR13	IDR12	IDR11	IDR10	IDR9	IDR8	IDR7	IDR6	IDR5	IDR4	IDR3	IDR2	IDR1	IDR0
r	r	r	r	r	r	r	r	r	r	r	r	r	r	r	r

位31~16　保留，必须保持复位值
位15~0　IDRy[15:0]：端口输入数据(Port input data)(y=0, 1, …, 15)
这些位为只读形式，只能在字模式下访问，它们包含相应I/O端口的输入值

图 2-44　端口输入描述

（7）BSRR

该寄存器控制 GPIOx 端口的复位/置位功能，非常常用，详细描述如图 2-45 所示。

31	30	29	28	27	26	25	24	23	22	21	20	19	18	17	16
BR15	BR14	BR13	BR12	BR11	BR10	BR9	BR8	BR7	BR6	BR5	BR4	BR3	BR2	BR1	BR0
w	w	w	w	w	w	w	w	w	w	w	w	w	w	w	w
15	14	13	12	11	10	9	8	7	6	5	4	3	2	1	0
BS15	BS14	BS13	BS12	BS11	BS10	BS9	BS8	BS7	BS6	BS5	BS4	BS3	BS2	BS1	BS0
w	w	w	w	w	w	w	w	w	w	w	w	w	w	w	w

位31～16　　BRy：端口×复位位y(Port×reset bit y)(y=0, 1, …, 15)
这些位为只写形式，只能在字、半字或字节模式下访问，读取这些位可返回值0x0000
0：不会对相应的ODRx位执行任何操作
1：对相应的ODRx位进行复位
注意：如果同时对BSx和BRx置位，则BSx的优先级更高

位15～0　　BSy：端口×置位位y(Port×set bit y)(y=0, 1, …, 15)
这些位为只写形式，只能在字、半字或字节模式下访问，读取这些位可返回值0x0000
0：不会对相应的ODRx位执行任何操作
1：对相应的ODRx位进行置位

图2-45　端口复位/置位描述

以上列举了所有常用的GPIOx相关寄存器，更多详情请查阅《STM32F4xx中文参考手册》。

2.4.3　代码解读

I/O口的初始化代码如下所示，注释已给出：

```
void leds_config (void)
{
    GPIO_InitTypeDef GPIO_Initure;
    _HAL_RCC_GPIOB_CLK_ENABLE () ;                        //使能时钟

    GPIO_Initure. Pin = GPIO_PIN_4 |GPIO_PIN_5 |GPIO_PIN_6;   //需要配置的 I/O 口
    GPIO_Initure. Mode = GPIO_MODE_OUTPUT_PP;              //配置为推挽输出
    GPIO_Initure. Pull = GPIO_PULLUP;                     //设置初始状态为上拉
    GPIO_Initure. Speed = GPIO_SPEED_HIGH;               //设置 I/O 口速度
    HAL_GPIO_Init (GPIOB, &GPIO_Initure) ;    //调用底层接口,传入结构体,配置 I/O 口

    HAL_GPIO_WritePin (GPIOB, GPIO_PIN_4, GPIO_PIN_SET) ;    //点亮该 I/O 口
    HAL_GPIO_WritePin (GPIOB, GPIO_PIN_4, GPIO_PIN_RESET) ; //熄灭该 I/O 口
}
```

当需要点亮一个I/O口时，只需要包含stm32f4xx_hal_gpio. h头文件，然后进行如下几步即可：

1）初始化I/O口，按上述代码配置I/O口为输出状态。

2）调用底层提供的接口：使用HAL_GPIO_WritePin函数，传入GPIOx和GPIO_Pinx参数，以及设置的状态（输出1还是输出0）。

2.4.4　任务实训

实训内容：编写一个按键控制LED灯实验。

操作步骤如下：

步骤1：新建工程（使用 STM32CubeMX 工具），详细步骤参考 2.1.6 节任务实训的内容。

步骤2：编译新建工程（验证新生成的工程有没有错误），使用 IAR 进行编译，如图 2-46 所示。

图 2-46　编译工程

步骤3：移植外设驱动库（把成品的驱动库文件复制到新建工程的驱动目录下），如图 2-47 所示。

此电脑 > Windows (C:) > 用户 > think > 桌面 > XFdemo_LED > xfdemo2 > Drivers

名称	修改日期	类型	大小
CMSIS	2019/3/27 16:38	文件夹	
SENSOR	2019/3/28 11:31	文件夹	
STM32F4xx_HAL_Driver	2019/3/27 16:38	文件夹	
STM32F411VE-XF	2019/3/28 16:13	文件夹	

驱动文件路径

需要移植的驱动库

图 2-47　移植外设驱动库

步骤4：在新建工程目录下的 Drivers 里面新建 Group，生成 BSP 文件夹，如图 2-48 所示。

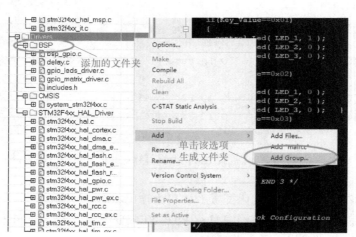

图 2-48　新建 Group

步骤5：在 BSP 文件夹添加 .c 文件，即添加需要的库函数，库函数如图 2-49 方框所示。

步骤6：添加驱动库的路径（找 .h 文件），如图 2-50 所示。

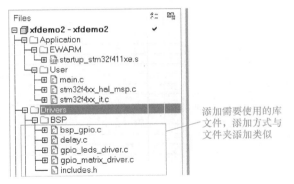

图 2-49　添加 .c 文件

图 2-50　添加驱动库的路径

步骤 7：定义宏，如图 2-51 所示。

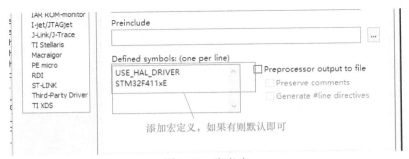

图 2-51　定义宏

步骤 8：在 includes.h 下添加 LED 灯和按键的相关头文件，代码如下所示：

```
#include <delay.h>
#include <bsp_gpio.h>
#include <gpio_leds_driver.h>
#include <gpio_matrix_driver.h>
```

步骤9：在 main. c 下添加#include ＜includes. h＞头文件，如图 2-52 所示。

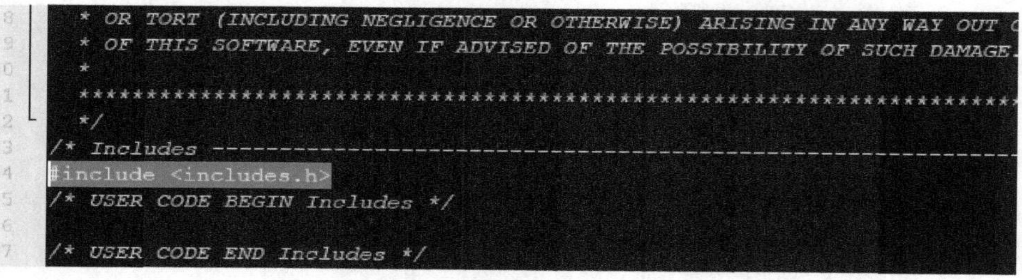

```
 * OR TORT (INCLUDING NEGLIGENCE OR OTHERWISE) ARISING IN ANY WAY OUT O
 * OF THIS SOFTWARE, EVEN IF ADVISED OF THE POSSIBILITY OF SUCH DAMAGE.
 *
 ******************************************************************************
 */
/* Includes ------------------------------------------------------------------
#include <includes.h>
/* USER CODE BEGIN Includes */

/* USER CODE END Includes */
```

图 2-52 添加 . h 头文件

步骤 10：在 main 函数下添加初始化函数，如图 2-53 所示。

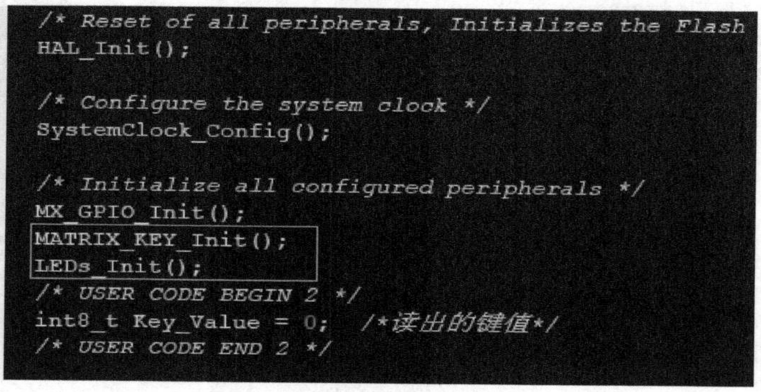

```
/* Reset of all peripherals, Initializes the Flash
HAL_Init();

/* Configure the system clock */
SystemClock_Config();

/* Initialize all configured peripherals */
MX_GPIO_Init();
MATRIX_KEY_Init();
LEDs_Init();
/* USER CODE BEGIN 2 */
int8_t Key_Value = 0;   /*读出的键值*/
/* USER CODE END 2 */
```

图 2-53 初始化函数

步骤 11：在 while（1）循环下添加按键实时扫描并控制 LED 灯亮灭的相关代码如下：

```
/*USER CODE END WHILE */
Key_Value = get_key();
/*USER CODE BEGIN 3 */
if(Key_Value ==0x01)
{
  control_Led( LED_1, 1 );
  control_Led( LED_2, 0 );
  control_Led( LED_3, 0 );
}
if(Key_Value ==0x02)
{
  control_Led( LED_1, 0 );
  control_Led( LED_2, 1 );
  control_Led( LED_3, 0 );   }
if(Key_Value ==0x03)
{
  control_Led( LED_1, 0 );
```

```
    control_Led( LED_2, 0 );
    control_Led( LED_3, 1 );
}
```

步骤12：下载程序验证，通过 ST-LINK 仿真器连接物联网认证实验箱，如图 2-54 所示，LED 按键实验效果如图 2-55 ~ 图 2-57 所示。

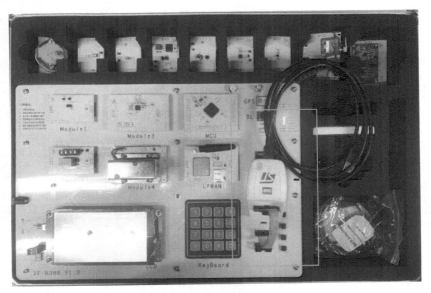

图 2-54　ST-LINK 仿真器连接物联网认证实验箱

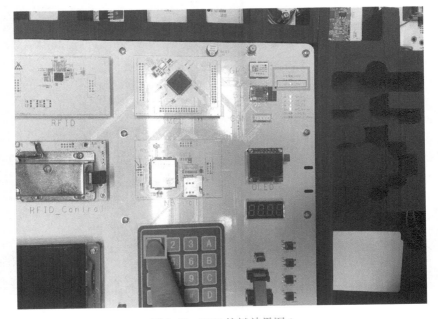

图 2-55　LED 按键效果图 1

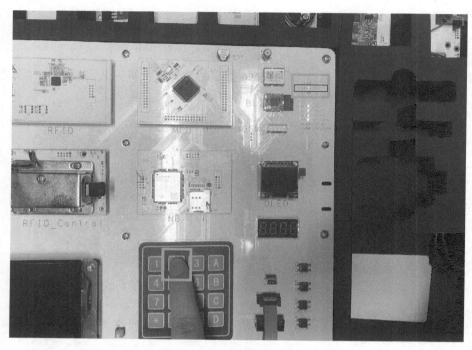

图 2-56 LED 按键效果图 2

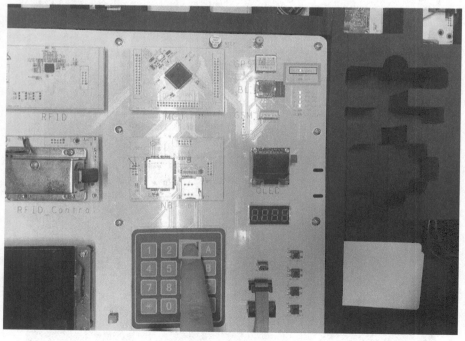

图 2-57 LED 按键效果图 3

项 目 小 结

本项目开始简要介绍了 Cortex-M4 内核以及硬件实验平台的各种资源，后面讲解了 STM32F411VE 这款芯片，并使用了它的基础外设让读者更加了解 STM32F4 的开发环境和开发资源以及如何去开发 STM32 芯片。

希望通过本项目，读者在后面的学习中会更加轻松，同时对 STM32 的了解也更加深刻，如对 STM32 其他外设有兴趣，可以自行查找相关资料。一个嵌入式开发者必须掌握一个操作系统，在下一个项目中加入了对操作系统的讲解，所以读者在完成本项目后，可以继续进行下一个项目的开发。

 思考题与习题

一、思考题

1. 总结 ARM 公司近几年研发并推出的架构，并分析这些架构的不同，以及分别擅长应用的领域。

2. 当更换一款新的 ARM 芯片时，在哪些地方需要注意？

3. 在使用库函数的同时，库函数底层做了什么？

4. 是否能熟练使用 STM32 的复用功能？总结一下复用在实际使用中的好处。

5. 简述 Cortex-M3 和 Cortex-M4 的主要不同。

6. 用 IAR 移植 STM32F411VE 的官方库函数，编写一个按时控制点亮四个 LED 灯的代码。

7. 编写一个 I2C 驱动，观察时序是否正确。

8. 编写一个驱动步进电动机的底层接口。

二、选择题

1. Cortex-M4 处理器的优点是（　　　）。

A. 低功耗　　　　　　B. 应用广　　　　　　C. 门槛低　　　　　　D. 实用性强

2. 下列哪个是时钟系统中的时钟源？（　　　）

A. LSI　　　　　　　B. LSS　　　　　　　C. LCC　　　　　　　D. LII

3. HAL_GPIO_TogglePin 函数代表什么？（　　　）

A. 反转 GPIO 口状态　B. 正转 GPIO 口状态　C. 使能 I/O 端口　　　D. 使能 GPIO 端口

4. Pin 函数代表什么？（　　　）

A. 引脚　　　　　　　B. 引线　　　　　　　C. 模块　　　　　　　D. 轨道

三、填空题

1. STM32F411xE 基于高性能的 Cortex-M4 32-RISC（精简指令集）内核，工作频率高达_____ MHz。

2. Cortex-M4 处理器适用领域包括_____、_____、_____。

3. STM32F4 提供了_____个定时器，分别是_____、_____两种定时器。

4. ARM 处理器有两个指令集：_____、_____；分别对应的状态是_____、_____。

四、综合实践题

1. 在操作 LED 灯测试实验时，编译完成后，出现错误的原因是什么？

2. 会使用工具进行 TM32F411 的总线架构图绘制。

3. 自行对比 51 单片机和 TM32F411 的总线架构。

项目3 轻量级操作系统LiteOS的应用

本项目通过 LiteOS 操作系统的操作，让学生亲身实践体验 LiteOS 操作系统的初步应用，加深学生对 LiteOS 操作系统的认知，采用项目任务式的组织方式，从基础到深入，由认知到实践，分步教学。首先是 LiteOS 系统初步认知，建立起学生对 LiteOS 操作系统的概念，搭建好实验开发环境。然后引导学生将 LiteOS 移植于第三方开发板，并成功运行系统。接着通过动态数码管显示、电压采集转换、数字温度传感器串口显示、OLED 字符显示等实践进一步深入学习 LiteOS 操作系统的应用。通过整个项目的实践，学生可以在任务中学习轻量级操作系统 LiteOS 的应用。

知识目标	1. 了解 LiteOS 操作系统的特点、优势及其架构 2. 了解 LiteOS 操作系统移植前硬件、工具及软件等准备工作 3. 熟悉 LiteOS 操作系统移植的步骤与方法 4. 熟悉 74HC595 位移寄存器的控制操作
能力目标	1. 会搭建实验开发环境 2. 会进行 LiteOS 操作系统移植 3. 会进行数码管动态显示的硬件设计、软件设计并实现相应功能
重点、难点	1. LiteOS 操作系统移植的方法 2. 数码管动态显示的硬件设计、软件设计并实现
推荐教学方式	了解 LiteOS 系统操作，让学生亲身实践体验 LiteOS 操作系统的初步应用。硬件电路图、软件流程图要引导学生动手绘制，加深理解。引导学生对重要源码进行分析，理解其中的设计原理
推荐学习方式	认真完成每个任务，注重理论与实践的结合。硬件电路图和软件流程图要自己亲自动手去绘制和思考，关键程序代码要加强理解，每次操作都要认真去调试

任务 3.1　认识 LiteOS 嵌入式实时操作系统

本任务旨在让学生初步认知 LiteOS 嵌入式实时操作系统，搭建好实验开发环境，为后续的轻量级 LiteOS 的应用实践奠定基础。引导学生去了解嵌入式实时操作系统的概念，LiteOS的特点、优势和架构，熟悉 IAR 的使用，使学生能初步使用 IAR 搭建实验开发环境。

3.1.1　嵌入式实时操作系统概念

当外界事件或数据产生时，能够接收并以足够快的速度予以处理，其处理的结果又能在规定的时间之内来控制生产过程或对处理系统给出快速响应，并控制所有实时任务协调一致运行的嵌入式操作系统，称为嵌入式实时操作系统（Embedded Real-time Operation System，RTOS）。

在工业控制、军事设备、航空航天等领域对系统的响应时间有苛刻的要求，这就需要使用实时系统。人们常常说的嵌入式操作系统都是嵌入式实时操作系统，比如 μC/OS-Ⅱ、eCOS 和 Linux、HOPEN OS。故对嵌入式实时操作系统的理解应该建立在对嵌入式系统的理解之上，加入对响应时间的要求。

3.1.2　LiteOS 特点与优势

Huawei LiteOS 是华为面向 IoT 领域，构建的"统一物联网操作系统和中间件软件平台"，以轻量级（内核小于10KB）、低功耗（1 节 5 号电池最多可以工作 5 年）、快速启动、互联互通、安全等关键能力，为开发者提供"一站式"完整软件平台，有效降低开发门槛，缩短开发周期。

Huawei LiteOS 以 1 个轻量级、低功耗、快速启动内核为基础，增加 N 个框架；通过支持多传感协同，使得终端数据采集更智能，数据处理更精准；通过支持长短距连接，实现全连接覆盖，提供多 Profile 支持与共享支撑更多业务场景，同时可伸缩连接能力有显著提升；通过支持基于 JavaScript 的应用开发框架，统一应用开发平台，使得产品开发更"敏捷"；为开发者提供设备智能化使能平台，有效降低开发门槛，缩短开发周期。

Huawei LiteOS Kernel 是轻量级的实时操作系统，是华为 IoT OS 的内核。Huawei LiteOS Kernel 的优势主要有：

1）高实时性，高稳定性。

2）超小内核，基础内核体积可以裁剪至不到 10KB。

3）低功耗。

4）支持动态加载、分散加载。

5）支持功能静态裁剪。

3.1.3　LiteOS 架构

Huawei LiteOS 基础内核是最精简的 Huawei LiteOS 操作系统代码，包括任务管理、内存管理、时间管理、通信机制、中断管理、队列管理、事件管理、定时器、异常管理等操作系统基础组件，可以单独运行。Huawei LiteOS Kernel 基本框架如图 3-1 所示。

下面介绍 Huawei LiteOS Kernel 基本框架的各模块。

1. 任务管理

任务管理提供任务的创建、删除、延迟、挂起、恢复等功能，以及锁定和解锁任务调度，支持任务按优先级高低抢占调度及同优先级时间片轮转调度。

2. 任务同步

信号量：支持信号量的创建、删除、申请和释放等功能。

互斥锁：支持互斥锁的创建、删除、申请和释放等功能。

3. 硬件相关

硬件支持硬中断、硬件定时器等功能。

硬中断：提供中断的创建、删除、使能、禁止、请求位的清除等功能。

硬件定时器：提供定时器的创建、删除、启动、停止等功能。

图 3-1　Huawei LiteOS Kernel 的基本框架图

4. IPC 通信

IPC 通信提供事件、消息队列功能。

事件：支持读事件和写事件功能。

消息队列：支持消息队列的创建、删除、发送和接收功能。

5. 时间管理

系统时间：系统时间是由定时/计数器产生的输出脉冲触发中断而产生的。

Tick 时间：Tick 是操作系统调度的基本时间单位，对应的时长由系统主频及每秒 Tick 数决定，由用户配置。

软件定时器：是以 Tick 为单位的定时器，软件定时器的超时处理函数在系统创建的 Tick 软中断中被调用。

6. 内存管理

内存管理提供静态内存和动态内存两种算法，支持内存申请、释放。目前支持的内存管理算法有固定大小的 BOX 算法、动态申请 DLINK 算法。另外还提供内存统计、内存越界检测功能。

7. 异常接管

异常接管是指在系统运行过程中发生异常后，跳转到异常处理信息的钩子函数，打印当前发生异常函数调用栈信息，或者保存当前系统状态的一系列动作。Huawei LiteOS 的异常接管，会在异常后打印发生异常的任务 ID 号、栈大小，以及 LR、PC 等寄存器信息。

3.1.4 任务实训

实训内容：搭建实验开发环境。

具体步骤如下：

步骤 1：安装 IAR 开发工具。

找到软件工具下的 IAR 安装包，如图 3-2 所示，按照提示安装。

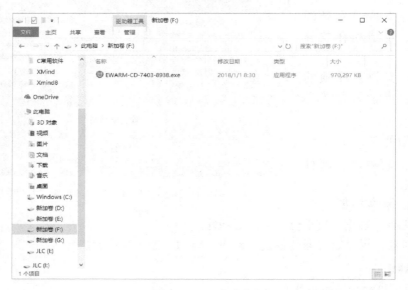

图 3-2　IAR 安装包

步骤 2：打开工程。打开一个工程，将工程空间文件 Template. eww 图标拖动到 IAR 工程文件中，如图 3-3 所示（或者直接将工程空间文件拖动到 IAR 快捷方式上）。

图 3-3　打开工程

步骤3：编译工程，如图3-4所示。

图3-4 编译工程

步骤4：下载与调试。仿真器选择：在工程Options->Debugger->Setup的Driver中选择ST-LINK仿真器，如图3-5所示。

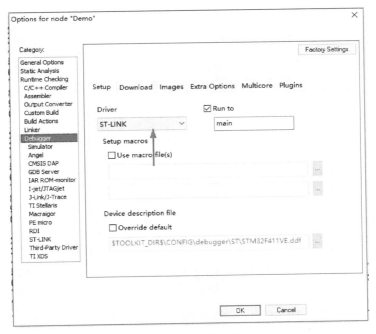

图3-5 仿真器选择

USB转串口线一端连接到计算机USB接口，另外一端连接到实验板下载口，单击下载与Debug按钮，进入调试界面，如图3-6所示。

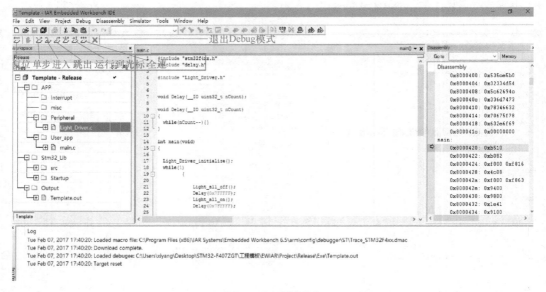

图 3-6　下载调试

步骤 5：ST-LINK 驱动安装。安装步骤如图 3-7 所示，根据自己的操作系统选择合适的 exe 软件安装。

图 3-7　ST-LINK 驱动安装

步骤 6：安装 XCOM 调试助手，安装步骤如图 3-8 所示。

图 3-8　XCOM 调试助手安装

任务 3.2　LiteOS 操作系统移植实战

本任务旨在让学生将 LiteOS 系统内核移植到第三方开发板，并成功运行系统，引导学生了解 LiteOS 系统内核移植的原因和方法，熟悉 LiteOS 系统移植到 STM32F411 的步骤和 STM32 的启动方法，使学生学会 LiteOS 操作系统的移植。

3.2.1　移植前的准备工作

要想学好 RTOS，首先需要准备一套嵌入式开发实验平台，即开发板（也称为评估板、测试板、学习板等）。如果开发者手头上有华为官方推荐的开发板，则可以直接使用移植好的编译工程。如果手头上的开发板没有对应的编译工程，则需要进行 OS 移植。Huawei LiteOS 目前已经成功适配了数十款基于 ARM Cortex 内核的开发板，包括市面上常见的 STM32F0、STM32F1、STM32F3、STM32F4、STM32F7、STM32L1、STM32L4 全系列产品，NXP i. MX RT10XX 系列等多种开发板。本书中使用 STM32F4。

在进行 RTOS 移植之前，需要先准备好调试工具，如 J- LINK、U- LINK、ST- LINK 等，实时跟踪程序，并从中找到程序中的 bug。本书中使用 ST-LINK 仿真器。

与此同时也要进行软件准备，目前主流的 ARM Cortex-M 系列微控制器集成开发环境有 IAR 和 Keil，本书使用 IAR 作为 IDE 开发工具。

准备第三方 STM32 开发板裸机工程模板，获取需要移植的开发板的资料，包括开发板例程和硬件原理图。

3.2.2　LiteOS 移植操作

移植 Huawei LiteOS 的主要步骤包括：

1）在集成开发环境中添加 Huawei LiteOS 源码。

2）适配系统调度汇编文件（los_dispatch. s）。

3）根据芯片类型适配硬件资源（los_hw 及 los_hwi）。

4）配置系统参数（los_config. h）。

5）修改分散加载文件。

6）解决部分常见移植代码编译错误。

移植任务创建流程如图 3-9 所示。

程序从 main 函数进入，开始初始化 STM32F411 MCU（微处理器）的时钟、中断分组，完成了这步可以实现 MCU 的正常运行；接下来，初始化 Huawei Lite OS 嵌入式实时内核，这步主要根据用户配置的系统参数，对内核实现裁剪（比如是否使用队列、信号量、中断等，这些都可以根据用户需求自己裁剪，以减小代码开销）；然后，初始化 Tick（滴答节

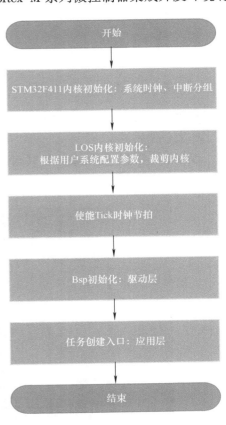

图 3-9　移植任务创建流程

拍时钟）为系统内核运行提供"心跳"；接着，初始化用户驱动，为用户应用层的操作做准备，比如本任务只初始化了 LED 引脚；接着，创建用户应用层任务，用户在任务中实现自己的业务；最后，开启系统内核运作，由 Lite OS 内核掌控 MCU 的使用权。

本任务在此仅对移植代码的核心部分进行分析，有些变量的设置、头文件的包含等可能不会涉及，完整的代码请参考本任务配套的工程。

为了使工程更加有条理，驱动层代码和应用层业务独立分开存储，方便以后开发。在 los_demo_entry. c 及 los_demo_entry. h 文件中编写的是用户业务创建接口函数，在 gpio_leds_driver. c 及 gpio_leds_driver. h 文件中编写的是 Leds 驱动函数。这些文件不属于 STM32 标准库，是由自己根据应用需要编写的。

1. 用户任务调用接口

功能:创建一个任务用于用户任务创建
函数定义:void LOS_Demo_Entry(void)
输入参数:
返回:无

2. 创建用户任务的任务函数

功能:用户任务入口,在本任务的任务体中添加了 LED 闪烁函数
函数定义:void LOS_Demo_Entry(void)
输入参数:
返回:无

3.2.3　任务实训

实训内容：移植 LiteOS 系统，并烧写到硬件上进行验证。

具体步骤如下：

步骤 1：实验设备准备，物联网认证实验箱如图 3-10 所示，ST-LINK 仿真器如图 3-11 所示，设备连接如图 3-12 所示。

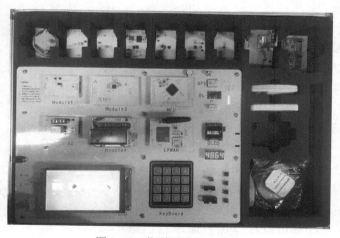

图 3-10　物联网认证实验箱

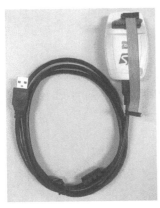

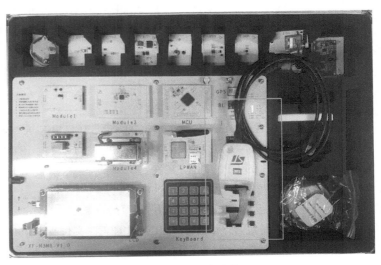

图 3-11　ST-LINK 仿真器　　　　　　　　　　　图 3-12　设备连接

步骤 2：移植准备工作。

首先准备能在 STM32F411 实验板运行的裸机程序，然后准备移植资源包，裸机工程目录如图 3-13 所示，移植资源包目录图 3-14 所示。

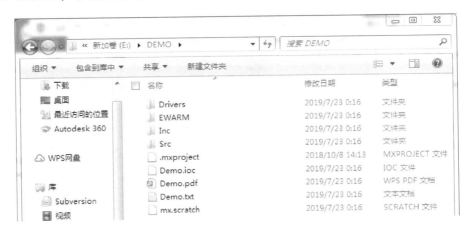

图 3-13　裸机工程目录

图 3-14　移植资源包目录

Drivers 文件夹包含 CMSIS 与 STM32F4xx_HAL_Driver 两个文件夹，都是官方提供的文件，CMSIS 是 Cortex-M 内核的软件接口标准文件，STM32F4xx_HAL_Driver 是 ST 提供的 HAL 固件库。

EWARM 文件夹包含裸机项目文件 Project.eww 和其他文件。

Inc 文件夹包含一些工程所需源文件。

Src 文件夹包含一些工程所需头文件。

BSP 文件夹包含 STM32F4xx-Nucleo 和 STM32F411VE-XF 文件夹，其中 STM32F4xx-Nucleo 包含 ST 官方提供的 STM32F4xx-Nucleo 型号的固件，STM32F411VE-XF 包含已经适配 STM32F411VE 芯片的 GPIO 驱动文件。

example 文件夹包含华为官方提供的任务例程文件。

kernel 文件夹包含 Lite OS 系统最精简的内核文件。

platform 文件夹包含 STM32F411RE-NUCLEO 文件夹，其中包含已经适配的平台驱动文件。

User 文件夹包含 mian.c 文件，是一个可运行 Lite OS 系统的主函数文件。

步骤3：向裸机工程复制文件。

1）将移植资源包中的 example、kernel、platform、User 复制到裸机工程根目录下。

2）将移植资源包中的 BSP 复制到裸机工程根目录下 drivers 文件夹下。

步骤4：打开裸机工程。裸机工程界面如图3-15所示。

图3-15　裸机工程界面

步骤5：将移植文件添加到工程。

（1）添加组

在 Lite OS 下添加所需组如图3-16所示，在 Demo 工程下添加 Lite OS 组如图3-17所示。

1）在 Demo 工程下添加 Lite OS 组。

2）在 Lite OS 下添加 cmsis 组。

3）在 Lite OS 下添加 config 组：用于添加 Lite OS 系统的配置文件。

4）在 Lite OS 下添加 cpu/m4 组：用于添加与 cpu/m4 底层驱动有关的文件。

5）在 Lite OS 下添加 kernel 组：用于添加 Lite OS 内核文件。

6）在 Lite OS 下添加 platform 组：用于存放内核与 CPU 相关的平台文件。

7）在 platform/stm32f411re 下添加 startup 组：用于存放 CPU 启动文件。

8）在 Application 下添加 example 组：用于存放应用层业务代码文件。

9）在 Drivers 下添加 BSP 组：用于存放用户驱动层代码文件。

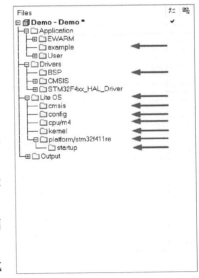

图 3-16　在 Lite OS 下添加所需组

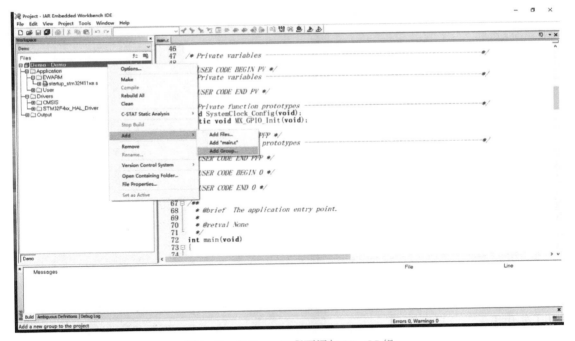

图 3-17　在 Demo 工程下添加 Lite OS 组

（2）添加文件

在添加的组中添加所需文件，如图 3-18 所示，在 Demo 下添加 example 文件如图 3-19 所示，添加 platform 文件如图 3-20 所示。

1）在 example 下添加 Demo\example\api 全部文件。

2）在 BSP 下添加 Demo\Drivers\BSP\stm32F4xx-nucleo. c 文件。

3）在 BSP 下添加 Demo\Drivers\BSP\STM32F411VE-XF. c 文件。

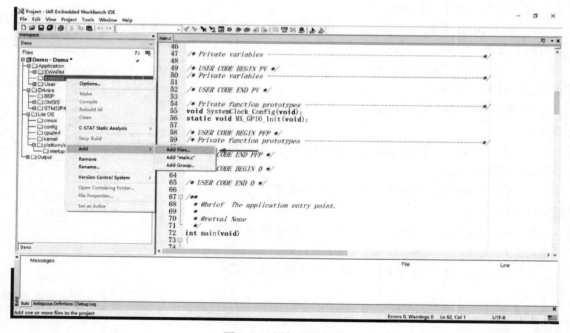

图 3-18　添加所需文件

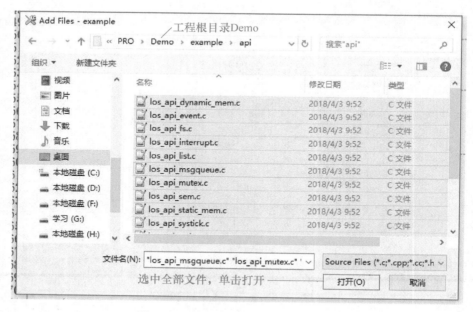

图 3-19　在 Demo 下添加 example 文件

4）在 BSP 下添加 \ Demo \ Drivers \ BSP \ STM32F411VE- XF 中的 bsp _ gpio. c、 gpio _ leds_driver. c 文件。

5）在 cmsis 下添加 Demo\kernel\cmsis 中的 cmsis_liteos. c 文件。

6）在 config 下添加 Demo\kernel\config 中的 config. c 文件。

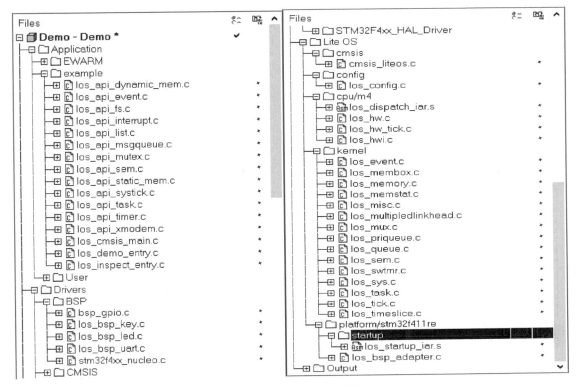

图 3-20 添加 platform 文件

7）在 cpu/m4 下添加 Demo\kernel\cpu\arm\cortex-m4 中的 los_dispatch_iar.s 与全部 .c 文件。

8）在 kernel 下添加 Demo\kernel\base\core 中的全部 6 个 .c 文件。

9）在 kernel 下添加 Demo\kernel\base\ipc 中的全部 4 个 .c 文件。

10）在 kernel 下添加 Demo\kernel\base\mem 中的全部 4 个 .c 文件。

11）在 kernel 下添加 Demo\kernel\base\misc 中的全部 1 个 .c 文件。

12）在 platform/stm32f411re 下添加 Demo\platform\STM32F411RE-NUCLEO 中的 los_bsp_adapter.c 文件。

13）在 startup 下添加 Demo\platform\STM32F411RE-NUCLEO 中的 los_startup_iar.s 文件。

（3）移除无用文件

移除无用组 EWARM 及其下属文件，EWARM 下是裸机工程的启动文件，没有用处。移除无用文件和是否确定移除如图 3-21 和图 3-22 所示。

步骤 6：替换 mian.c。

先移除 User 组下的 main.c，再将 Demo\User 下的 mian.c 文件添加到 User 组中，新添加的 main.c 文件可以直接运行 LiteOS 系统，不用自己编写。

步骤 7：添加头文件及宏定义。

打开工程 Options，在 C/C++ Compiler 选项中找到 Preprocessor，如图 3-23 所示。

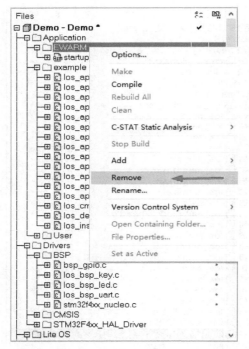

图 3-21 移除无用文件

图 3-22 是否确定移除

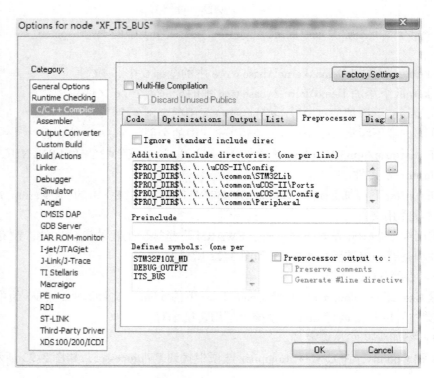

图 3-23 打开工程 Options

在 Additional include directors：（one per line） 中添加如下内容：

1） PROJ_DIR /../Drivers/BSP/STM32F4xx-Nucleo。

2） PROJ_DIR /../Drivers/BSP/STM32F411VE-XF。

3） PROJ_DIR /../example/include。

4） PROJ_DIR /../kernel/base/core。

5） PROJ_DIR /../kernel/base/ipc。

6） PROJ_DIR /../kernel/base/mem。

7） PROJ_DIR /../kernel/base/misc。

8） PROJ_DIR /../kernel/base/include。

9） PROJ_DIR /../kernel/cmsis。

10） PROJ_DIR /../kernel/config。

11） PROJ_DIR /../kernel/cpu/arm/cortex-m4。

12） PROJ_DIR /../kernel/link/iar。

13） PROJ_DIR /../kernel/include。

14） PROJ_DIR /../platform/STM32F411RE-NUCLEO。

注："PROJ_DIR /"代表工程所在目录，"/"代表目录分隔符，".."代表返回上一级目录。

在 Define symbols：（one per line） 中添加 LOS_STM32F411RE，如图 3-24 所示。

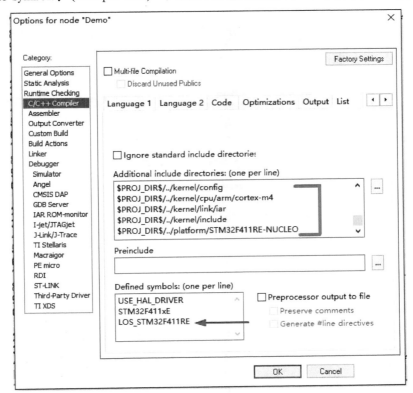

图 3-24　添加 LOS_STM32F411RE

步骤8：编译。

（1）第一次编译

单击 Make 编译，结果如图 3-25 所示。

图 3-25　第一次编译

（2）修改错误

一共出现 5 个错误，前两个错误 Error［Li006］的错误原因是：函数重复定义。

```
Error[Li006]: duplicate definitions for "PendSV_Handler";
Error[Li006]: duplicate definitions for "SysTick_Handler";
```

修改方法如下：

1）打开 stm32f4xx_it.c 文件。

2）将 PendSV_Handler 与 SysTick_Handler 注释掉。

具体操作如图 3-26 所示。

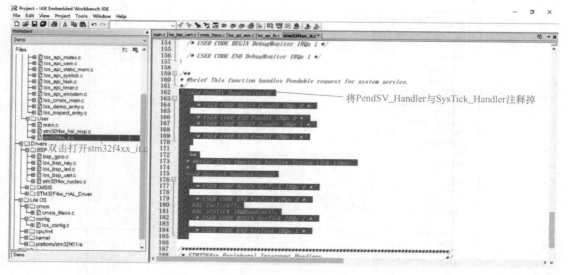

图 3-26　打开 stm32f4xx_it.c 文件并注释

后三个错误的错误原因是：函数没有定义。

```
Error[Li005]: no definition for "HAL_UART_Init" [referenced from los_bsp_uart.o]
Error[Li005]: no definition for "HAL_UART_Receive_IT" [referenced from los_bsp_
uart.o]
Error[Li005]: no definition for "HAL_UART_Transmit" [referenced from los_bsp_uart.o]
```

修改方法如下：

单击 los_bsp_uart. c 找到 stm32f4xx_hal_conf. h，去掉#define HAL_UART_MODULE_EN-ABLED 的注释，如图 3-27 所示。

图 3-27 去掉#define HAL_UART_MODULE_ENABLED 的注释

（3）第二次编译

再次编译，结果没错误，如图 3-28 所示。

图 3-28 第二次编译

步骤 9：实验验证。

1）启动"IAR"，打开实验例程下的工程文件 Project，连接 ST- LINK 仿真器和串口线。启动工程文件如图 3-29 所示。

图 3-29 启动工程文件

2）Make 编译后单击 Download and Debug，编译、下载和调试如图 3-30 所示。

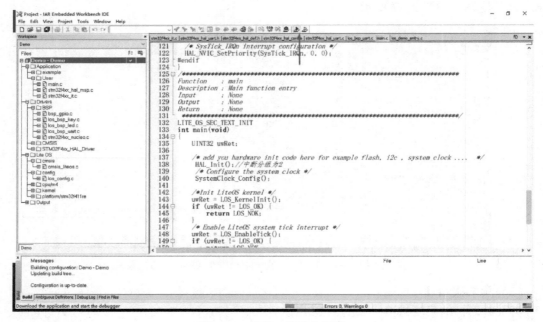

图 3-30 编译、下载和调试

3）单击全速运行，如图 3-31 所示。

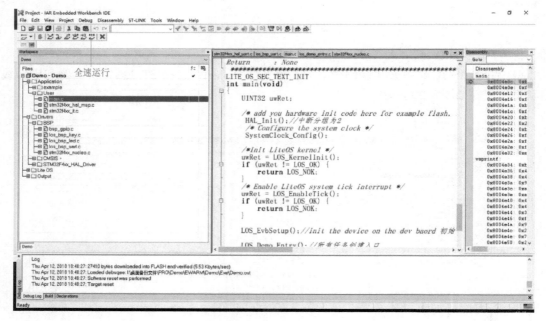

图 3-31 全速运行

4）验证完毕后，退出仿真界面，关闭 IAR 软件，关闭硬件电源，整理桌面，至此，实验完毕。

任务 3.3　基于 LiteOS 的数码管动态显示

本任务旨在让学生实现基于 LiteOS 操作系统的数码管动态显示，并实时增加显示数值，引导学生了解动态数码管的工作方式，熟悉 74HC595 驱动数码管的工作方式、STM32F4 对数码管的动态显示控制方式，使学生学会基于 LiteOS 操作系统的数码管动态显示方法。

3.3.1　74HC595 位移寄存器

数码管由 8 个发光二极管（以下简称字段）构成，通过不同的组合可用来显示数字 0~9，字符 A~F、H、L、P、R、U、Y，符号"-"及小数点"."。数码管又分为共阴极和共阳极两种结构。其结构、外形与引脚如图 3-32 所示，本任务采用 4 个共阳极数码管显示。

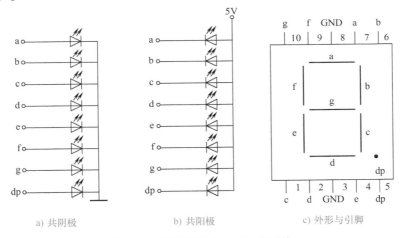

a) 共阴极　　　　　　b) 共阳极　　　　　　c) 外形与引脚

图 3-32　数码管结构、外形与引脚

共阳极数码管的 8 个发光二极管的阳极（二极管正端）连接在一起。通常，公共阳极接高电平（一般接电源），其他引脚接段驱动电路输出端。当某段驱动电路的输出端为低电平时，则该端所连接的字段导通并点亮。

根据发光字段的不同组合可显示出各种数字或字符。此时，要求段驱动电路能吸收额定的段导通电流，还需根据外接电源及额定段导通电流来确定相应的限流电阻。

74HC595 是一个 8 位串行输入、并行输出的位移寄存器，其并行输出为三态输出。在 SCK（数据输入时钟）的上升沿，串行数据由 SDL 输入到内部的 8 位位移寄存器，并由 SDO 输出，而并行输出则是在 LCK（输出存储器锁存时钟）的上升沿将在 8 位位移寄存器的数据存入到 8 位并行输出寄存器。当串行数据输入端 OE（输出使能）的控制信号为低使能时，并行输出端的输出值等于并行输出寄存器所存储的值。而当 OE 为高电位，也就是输出关闭时，并行输出端会维持在高阻抗状态。

为了减少引脚开销，我们使用 74HC595 作为数码管的驱动芯片。通过两个 74HC595 芯片的级联来实现 4 段数码管动态显示，动态数码管硬件设计与构建原理图如图 3-33 所示。

STM32 通过 DIO、SCLK 将数据通过串行的方式输入到 74HC595 中，由于使用了级联的方式，所以 U17 和 U18 可以组合成一个 16 位的存储寄存器。其中 U18 中的 8 位表示段码，U17 的 8 位表示位选。

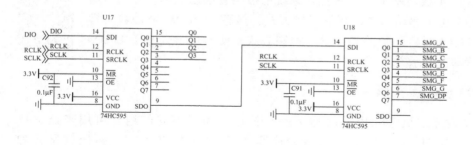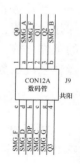

图 3-33　动态数码管硬件设计与构建

74HC595 的引脚功能见表 3-1。

表 3-1　74HC595 引脚功能

符　号	引　脚	描　述
Q0 ~ Q7	第 15 脚、第 1~7 脚	8 位并行数据输出
GND	第 8 脚	地
SDO	第 9 脚	串行数据输出
$\overline{\text{MR}}$	第 10 脚	主复位（低电平）
SHCP	第 11 脚	数据输入时钟线
STCP	第 12 脚	输出存储器锁存时钟线
$\overline{\text{OE}}$	第 13 脚	输出有效（低电平）
DS	第 14 脚	串行数据输入
VCC	第 16 脚	电源

3.3.2　设计数码管动态显示流程图

数码管动态显示流程图如图 3-34 所示。

3.3.3　位移寄存器驱动编写与数码管动态显示

本实验代码主要是数码管的初始化程序编写、动态扫描函数编写。

创建文件 gpio_74hc595_driver. c 和 gpio_74hc595_driver. h 文件，用来存放数码管驱动程序及相关宏定义；APP_74HC595_display. c 用来存放数码管扫描业务；APP_led. c 在原来的基础上添加了数码管显示计时业务。

1. 数码管初始化函数

功能：初始化 74HC595 引脚 DIO、RCLK、SCLK
函数定义：void Init_595(void)
输入参数：无
返回：无

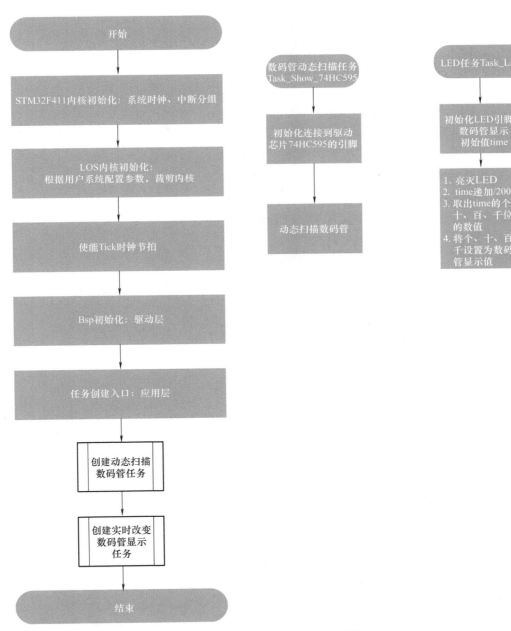

图 3-34 数码管动态显示流程图

2. 数码管扫描函数

功能：处理数码管显示业务，实时刷新数组 NUM[4] 数据

函数定义：void SHOW_595_SCAN(void)

输入参数：无

返回：无

3. 设置数码管内容显示

功能：处理数码管显示业务

函数定义：void SET_SHOW_595(uint8_t n1, uint8_t n2, uint8_t n3, uint8_t n4)

输入参数：

uint8_t n1 第一个数码管显示的数据

uint8_t n2 第二个数码管显示的数据

uint8_t n3 第三个数码管显示的数据

uint8_t n4 第四个数码管显示的数据

返回：无

4. 创建数码管显示处理任务

功能：将扫描任务挂载到内核任务队列上

函数定义：uint32_t create_Task_Show_74HC595(void)

输入参数：

返回：uint32_t，根据数据判断任务是否创建成功

5. 数码管显示处理任务实体

功能：以50Hz的频率动态扫描数码管

函数定义：Task_Show_74HC595

```
/**
  * @ brief 数码管服务程序
  * @ details
  * @ param   pdata 无用
  * @ retval 无
*/
static void * Task_Show_74HC595(UINT32 uwParam1,
              UINT32 uwParam2,
              UINT32 uwParam3,
              UINT32 uwParam4)
{
    Init_595();/*初始化74HC595引脚*/
    debug_printf("[%s] enter. \r\n", _func_);
    for(;;)
    {
       SHOW_595_SCAN();/*数码管动态扫描*/
    }
}
```

下面结合图3-34所示的流程图，来分析Task_Show_74HC595任务和Task_LED任务，首先Task_Show_74HC595、Task_LED任务同时在运行，其中Task_Show_74HC595只负责动态扫描，数码管的显示值由数组NUM［4］决定，而在Task_LED任务中，将time的个、十、百、千取出并通过SET_SHOW_595函数，将数值赋值给数组NUM［4］。这样LED任务中就可以修改数码管显示的内容。

3.3.4 任务实训

实训内容：编写代码实现数码管动态显示，并且显示的数值实时增加。

实验设备连接同任务3.2。具体步骤如下：

步骤1：启动"IAR"，打开Lite OS系统应用与开发实验——基于Lite OS的数码管动态显示实验 \ IOT_NB_DigitalTube \ Template \ EWARM下的工程文件IOT_NB.eww，连接ST-LINK仿真器和串口线，启动动态数码管实验工程如图3-35所示。

图3-35 启动动态数码管实验工程

步骤2：Make编译后单击Download and Debug，编译、下载和调试如图3-36所示。

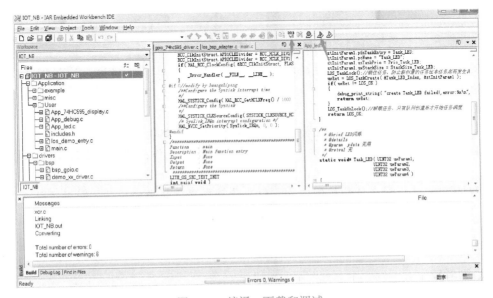

图3-36 编译、下载和调试

步骤3：单击全速运行，如图3-37所示。

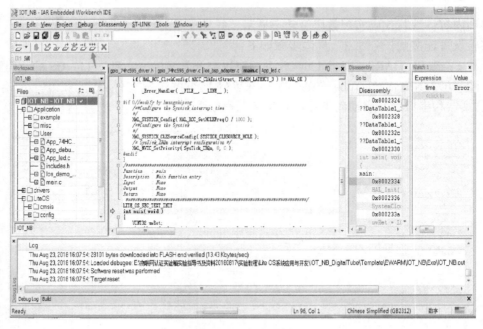

图3-37　全速运行

步骤4：实验验证。

1）观察实验箱上数码管显示数字是否依次递增。

2）验证完毕后，退出仿真界面，关闭IAR软件，关闭硬件电源，整理桌面，至此，实验完毕。

本项目介绍了LiteOS操作系统的特点、优势、架构及其系统移植，并介绍了数码管动态显示的操作。

主要内容包括：

1. LiteOS操作系统的特点、优势及其架构；实验开发环境的搭建。

2. LiteOS操作系统移植前硬件、工具及软件等准备工作；LiteOS操作系统移植的步骤与方法。

3. 74HC595位移寄存器的控制方法，数码管动态显示的硬件设计、软件设计及实现。

 **思考题与习题**

一、思考题

1. LiteOS操作系统的优势有哪些？其基础内核的基本框架是什么？

2. 为什么要进行 LiteOS 系统移植？系统移植的步骤有哪些？

二、选择题

以下关于 Huawei LiteOS 说法不正确的是（　　）。

A. 通过支持单传感，使得终端数据采集更智能，数据处理更精准

B. 通过支持长短距连接，实现全连接覆盖，提供多 Profile 支持与共享，支撑更多业务场景，同时可伸缩连接能力有显著提升

C. 通过支持基于 JavaScript 的应用开发框架，统一应用开发平台，使得产品开发更"敏捷"

D. 为开发者提供设备智能化使能平台，有效降低开发门槛，缩短开发周期

三、填空题

1. 当外界事件或数据产生时，能够接收并以足够快的速度予以处理，其处理的结果又能在_____来控制生产过程或对处理系统给出快速响应，并控制所有_____任务协调一致运行的_____操作系统，称为嵌入式实时操作系统。

2. Huawei LiteOS 以 1 个_____、_____、快速启动内核为基础。

3. 要想学好 RTOS，首先需要准备一套_____。

4. 74HC595 是一个 8 位_____输入、_____输出的位移缓存器。

四、综合实践

1. 实现基于 LiteOS 的数码管动态显示，要求分析并绘制硬件连接图、软件设计流程图，使显示的数值实时增加。如何在此基础上实现秒表计数器功能？

2. 实现基于 LiteOS 的电压采集转换，要求分析并绘制硬件连接图、软件设计流程图，并将采集到的电池电压通过串口调试助手打印出来。

项目4 NB-IoT通信测试

教学导航

　　本项目通过 NB-IoT 通信测试操作，让学生从实践中加深对 NB-IoT 通信的理解，从而更加清楚地理解 NB-IoT 技术，采用项目任务划分的形式，将 NB-IoT 的技术通过几个方面的拆分，让学生更好地理解 NB-IoT 通信技术，从系统到局部，分步式教学。将 NB-IoT 通信测试过程进行分解，首先是 NB-IoT 的网络体系绘制、NB-IoT 基站与核心网的部署，让学生了解 NB-IoT 的网络形式以及基站与核心网的相关概念；其次，测试 NB-IoT 设备，设计通信模组，让学生充分认识到 NB-IoT 中是有终端节点和 NB-IoT 模组存在的；最后通过 AT 指令查询模组信息，再通过 CoAP 协议发送数据到平台上。

知识目标	1. NB-IoT 网络体系框架 2. NB-IoT 的部署方式 3. 基站测试流程 4. 终端测试流程 5. 模组设计 6. 学习 AT 指令的用法，掌握常用的 AT 指令 7. 掌握基于 CoAP 协议的温度传输
能力目标	1. 绘制 NB-IoT 网络体系 2. 掌握常用的 AT 指令并且会查 AT 指令手册 3. 能使用 CoAP 协议上传数据
重点、难点	1. AT 指令的学习以及常用命令 2. 基于 CoAP 的温度数据上传
推荐教学方式	理解 NB-IoT 的体系架构，学习 NB-IoT 终端设备，让学生理解 NB-IoT 网络，学习模组常用的 AT 指令等，指导学生完成 AT 指令的测试，学习基于 CoAP 协议温度上传的流程
推荐学习方式	认真学习理论知识开拓自己的视野，注重实践与理论相结合，在实践与理论中相互验证，涉及 AT 指令部分，一定要学会查看手册，亲自动手去做，温度数据上传一定要搞清楚数据流向以及上传流程

任务 4.1　NB-IoT 网络体系绘制

本任务旨在让学生更好地理解 NB-IoT 网络体系，为后续理解 NB-IoT 的通信奠定基础，引导学生去理解 NB-IoT 的网络体系和通信模式，让学生去绘制网络体系加深学生对 NB-IoT 的理解。

4.1.1　NB-IoT 网络体系介绍

在了解 NB-IoT 网络体系之前，我们先要弄清以下几个概念，把概念弄清楚之后，方便加深理解 NB-IoT 的网络架构。

终端（User Equipment，UE）：通过空口连接到基站 eNodeB（evolved Node B）。通常情况下是 NB-IoT 模组 + 传统设备组成终端。

无线网侧：包括两种组网形式，一种是以无线的方式接入，其中包括 2G/3G/4G/NB-IoT 无线网；另一种是新建 NB-IoT，无线网侧主要承担空口接入处理、小区管理等相关功能，接入设备通过 S1-lite 接口与 NB-IoT 核心网进行连接，将非接入层数据转发到高层网元处理。

核心网（Evolved Packet Core，EPC）：承担与终端非接入层交互的功能，并将 NB-IoT 业务相关数据转发到 NB-IoT 平台进行处理。

平台：指的是物联网平台，目前物联网平台有中国电信物联网平台、华为物联网平台、中国移动物联网平台（OneNET）等。

应用服务器：应用服务器通过 HTTP/HTTPS 协议和平台通信，调用平台的开放接口 API 来控制设备，平台把数据推送给应用服务器。平台具有编解码插件，将设备上传的十六进制数据解析成 json 格式提供给应用服务器，下发设备控制命令是将 json 格式的数据转换成十六进制的数据提供给设备应用。

NB-IoT 网络体系架构如图 4-1 所示。

图 4-1　NB-IoT 网络体系架构

4.1.2　NB-IoT 网络的组成

NB-IoT 网络的组成单元包括核心网、接入网、频段三部分。

1. 核心网

核心网的作用在于将物联网数据发送给应用终端设备，蜂窝物联网（CIoT）在 EPS 定义了两种优化方案，分别是 CIoT EPS 用户面功能优化和 CIoT EPS 控制面功能优化。

对于 CIoT EPS 用户面功能优化，物联网数据传送方式和传统数据流量一样，在无线承载上发送数据，由 SGW（服务网关）传送到 PGW（PDN 网关），再到应用服务器。因此，这种方案在建立连接时会产生额外开销，不过，它的优势是数据包序列传送更快。这一方案支持 IP 数据和非 IP 数据传送。

对于 CIoT EPS 控制面功能优化，上行数据从 eNB（CIoT RAN）传送至 MME，在这里传输路径分为两个分支：通过 SGW 传送到 PGW 再传送到应用服务器，或者通过 SCEF（Service Capability Exposure Function）连接到应用服务器，后者仅支持非 IP 数据传送。下行数据传送路径一样，只是方向相反，这一方案适合非频发的小数据包传送。

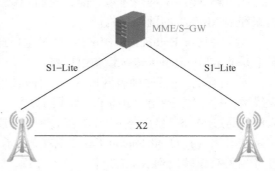

图 4-2　接入网的架构

2. 接入网

NB-IoT 接入网的架构与 LTE 一样，如图 4-2 所示。

3. 频段

NB-IoT 沿用 LTE 定义的频段号，Release 13 为 NB-IoT 指定了 14 个频段，见表 4-1。

表 4-1　NB-IoT 指定的 14 个频段

频　段　号	上行频率范围/MHz	下行频率范围/MHz
1	1920 ~ 1980	2110 ~ 2170
2	1850 ~ 1910	1930 ~ 1990
3	1710 ~ 1785	1805 ~ 1880
5	824 ~ 849	869 ~ 894
8	880 ~ 915	925 ~ 960
12	699 ~ 716	729 ~ 746
13	777 ~ 787	746 ~ 756
17	704 ~ 716	734 ~ 746
18	815 ~ 830	860 ~ 875
19	830 ~ 845	875 ~ 890
20	832 ~ 862	791 ~ 821
26	814 ~ 849	859 ~ 894
28	703 ~ 748	758 ~ 803
60	1710 ~ 1780	2110 ~ 2280

4.1.3　任务实训

实训内容：绘制 NB-IoT 网络体系架构图。

具体步骤如下：

步骤1：理清终端、无线网侧、核心网、平台、应用服务器之间的关系，画出信号流程图如图4-3所示。

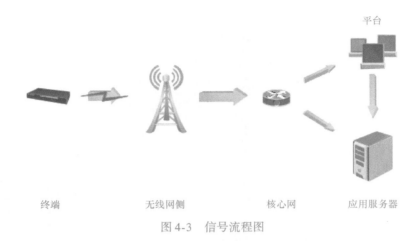

图4-3　信号流程图

步骤2：在图中标注出它们之间的通信方式，如图4-4所示。

图4-4　标注通信方式

任务4.2　NB-IoT基站与核心网部署操作

本任务旨在让学生更好地理解基站和核心网，以及NB-IoT的基站部署方式，为后续学习NB-IoT的系统设计奠定基础，引导学生去了解基站的部署方式、理解相关的理论知识等。

4.2.1　NB-IoT基站安装

1. 基站基本介绍

基站是无线电站台的一种表现形式，是通过无线电的形式对一定的区域进行无线电覆盖，再通过移动通信交换中心，实现移动终端之间的无线电收发的电台。因此基站主要的功能是提供无线覆盖，实现有线网络与无线终端之间的无线传输。

基站一般由机房、信号处理设备、室外射频模块、收发信号天线、GPS、各种传输线缆等组成。我们周围的基站主要有中国移动的基站、中国联通的基站、中国电信的基站等。基站随处可见，常见的基站如图4-5所示。

图4-5　各种类型的基站

2. 基站部署

NB-IoT基站是移动通信中组成蜂窝小区的基本单元，主要完成移动通信网与终端（UE）之间的通信和管理功能。通过运营商网络连接的NB-IoT用户终端设备必须在基站信号覆盖范围内才能进行通信，否则NB-IoT用户终端设备通信失败。基站属于NB-IoT网络架构的一部分，并不是单独存在的。网络体系中无线网侧可以看成基站，这样有助于我们了解整体的网络架构。基站使移动通信网和终端（UE）建立起连接，架起了一座数据通信的桥梁。

NB-IoT是基于蜂窝网络技术的，NB-IoT只消耗大约180kHz的带宽，可以基于GSM网络、LTE网络等实现平滑升级，与现有网络共存，不会影响到现有网络，部署起来比较方便。

NB-IoT基站建设是基于物联网的模式进行的，所以说它的模型和传统的业务模型有很多的不同。物联网是属于话务模型，而话务模型的特点就是终端很多，终端传送包很小，发送包的时延性要求不敏感，终端在发送完数据之后立马进入休眠，一旦有数据发送时，终端可以自己唤醒，并将数据发送出去，发送完成之后，终端设备从激活状态转变成休眠状态。

这里复习两个概念，一个是南向设备，另外一个北向设备。南向设备指的是NB-IoT终端设备，北向设备指的是服务端应用设备，如对接平台等。下面了解一下数据传输流程，南向设备（NB-IoT设备）采集数据，将数据进行编码，也就是按照自定义协议进行组装等。南向设备采用AT指令的形式通过串口向模组发送数据，这里的模组可以划分为两种设备，第一种是真实设备，如NB-IoT模组；另外一种是SoftRadio软件模拟器，这两种设备在数据传输中没有任何区别。NB-IoT或者SoftRadio软件模拟器接收到数据之后，将数据自动打包成CoAP协议，发送到物联网平台上。平台接收到数据之后按照profile进行解析，然后将数据存储到应用服务器上，应用服务调用北向接口从而获取到数据内容（这一过程称为北向应用开发）。

4.2.2 核心网选址

核心网位于网络子系统中,负责数据的终端等。我们知道 NB-IoT 与 LTE 是一脉相承的,这样就会使 NB-IoT 部署起来方便很多。但是在使用速率上是不同的,LTE 传送的是高速率、大流量;而 NB-IoT 传送的是小数据、小流量。因此传统的 EPC 核心网与 NB-IoT 的应用不兼容,需要对核心网 EPC 进行优化,例如去掉一些不用的应用,如语音通信业务。

核心网选址时,在原有的基站上进行部署,不需要重新创建基站设备,在传统基站上部署好之后,再修改核心网 EPC。相对于重新创建其选址与部署便捷很多。

注:NB-IoT 网络部署,请参考任务 1.2.3 的 NB-IoT 网络部署。

4.2.3 任务实训

实训内容:通过对华为 eNodeB DBS3900 设备的硬件安装,能对 NB-IoT 基站有个整体的了解。

操作步骤如下:

步骤1:安装 eNodeB 机柜。在水泥地面上安装 eNodeB 机柜的主要步骤包括:定位机柜安装位置、安装膨胀螺栓、安装底座、固定机柜等。准备好十字螺钉旋具、长卷尺、记号笔、冲击钻(配套钻头 φ16)、吸尘器、羊角锤、外六角扳手、水平尺、万用表等工具。

根据施工平面设计图及 eNodeB 安装空间要求,确定 eNodeB 机柜在水泥地面上的安装位置。将底座放置于地面,利用画线辅助板和记号笔在底座四个螺孔处做标记,如图 4-6 所示。

步骤2:在定位点处打孔并安装膨胀螺栓,为防止打孔时粉尘进入人体呼吸道或落入眼中,操作人员应采取相应的防护措施,如图 4-7 所示。

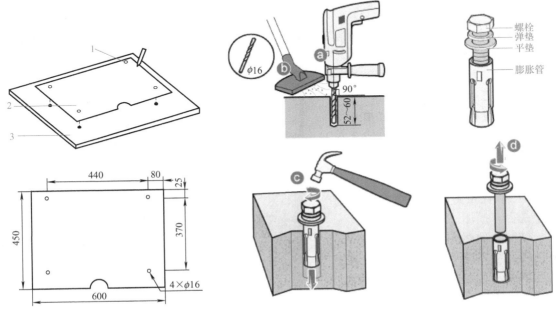

图 4-6 螺孔处做标记

1—定位孔 2—画线板 3—水泥地面

图 4-7 安装膨胀螺栓

安装步骤如下：

1）选择的钻头为φ16，用冲击钻在定位点处打孔。

2）使用吸尘器将所有孔位内部、外部的粉尘清除干净，再对孔距进行测量，对于误差较大的孔需重新定位、打孔。

3）将膨胀螺栓略微拧紧，然后垂直放入孔中，用羊角锤敲打，直至膨胀管全部进入孔内。

4）依次取出螺栓、弹垫和平垫。分解膨胀螺栓后，膨胀管的上端面必须保证与水泥地面相平，不凸出水泥地面，否则会使底座在地面上摆放不平。

步骤3：安装并调平底座。

1）将绝缘板、底座放在地面上，使绝缘板和底座上的螺孔对准地面的膨胀螺栓孔。

2）将从膨胀螺栓上取下的螺栓套上弹垫、平垫和绝缘垫，穿过底座和绝缘板，插入地面的膨胀螺母中，如图4-8所示。

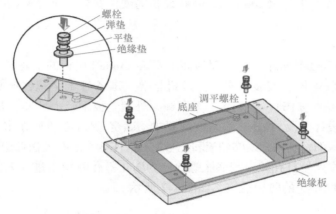

图4-8　安装座底

在底座上平面两相互垂直方向放置水平尺，检查底座的水平度，如果不水平，可通过在底座调平螺钉来调节水平。

步骤4：检测底座和膨胀螺栓间绝缘度。

1）调万用表至兆欧姆档。

2）测量底座和膨胀螺栓间阻值。

若阻值小于5MΩ，说明底座与大地没有绝缘。若阻值大于或等于5MΩ，说明底座与大地已绝缘，检测通过。

3）拆卸膨胀螺栓。

4）检查是否漏装绝缘垫，或绝缘垫是否有损坏。

若漏装绝缘垫或绝缘垫有损坏，则重新安装并调平底座。若不是绝缘垫的问题，则检查万用表是否故障，设置是否正确，如图4-9所示。

步骤5：安装机柜。

1）将机柜抬到底座上。

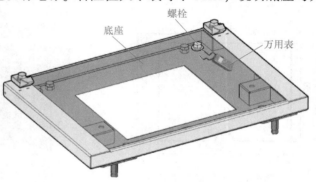

图4-9　检测座底

2）推动机柜，使底座安装块和机柜安装块两斜面贴合，如图 4-10 所示。

3）在机柜前端用螺栓 M12×25 紧固机柜和底座，如图 4-11 所示。

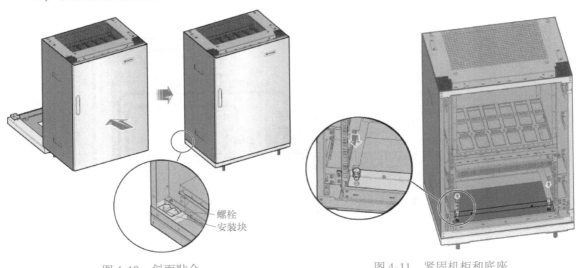

图 4-10　斜面贴合　　　　　　　　　　　　　图 4-11　紧固机柜和底座

步骤 6：安装 BBU 盒体。将 BBU 盒体沿滑道推入 PDU 下面 2U 空间内，拧紧 4 个 M6 紧固螺钉，如图 4-12 所示。

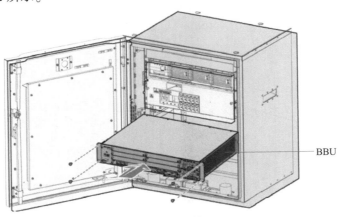

图 4-12　固定 BBU

步骤 7：安装 eNodeB 线缆。线缆包括保护地线、电源线、传输线、信号线、射频跳线，具体安装如图 4-13 所示。

步骤 8：安装电源线。电源线的 OT 端子接到 PDU 的 LOAD3 端子上，3W3 连接器连接到 BBU 的 PWR 接口，如图 4-14 所示。

步骤 9：安装 CPRI 光纤。光纤的一端连接到 BBU 的 WBBP 面板的 CPRI0～CPRI3 接口，另一端连接到 RRU 的 CPRI_W 接口。

将光模块插入 CPRI0～CPRI2 接口中（①），并将拉环折翻上去（②），如图 4-15 所示。

将 CPRI 光纤插入光模块中，光纤沿机柜左侧引出机柜，安装光纤缠绕管，如图 4-16 所示。

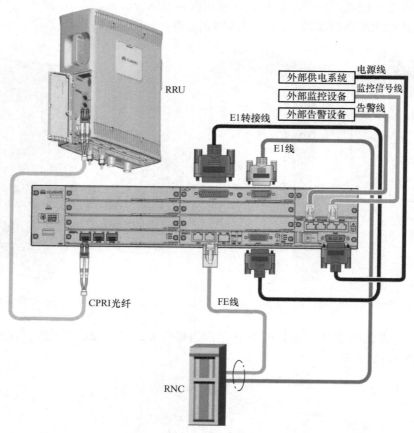

图 4-13　安装线缆

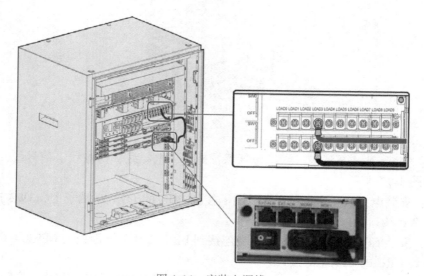

图 4-14　安装电源线

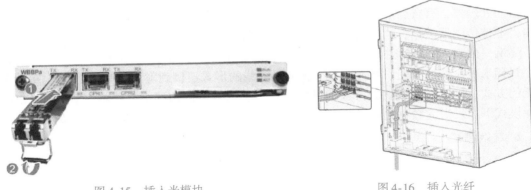

图4-15　插入光模块　　　　　　　　　　图4-16　插入光纤

步骤10：检查机柜和 DBS 设备的安装，准备基站上电。将 DCDU-01 上标识为 BBU 的电源开关拨至 ON，并打开 UEPU 模块上的开关，观察 BBU 模块中各单板指示灯状态是否正常。

至此，NB 基站硬件安装完成。

任务 4.3　NB-IoT 设备测试操作

本任务旨在让学生更好地理解 NB-IoT 设备测试，了解测试都需要哪几个方面的知识，如基站方面的相关测试知识、NB-IoT 设备端的相关测试知识等。

4.3.1　NB-IoT 基站测试

所谓基站测试就是对建设好的基站进行整体测试，如对电气性能、信号方面等进行测量。

基站项目的测试分很多种，如发射机、接收机、天线等的测试，而 NB-IoT 的基站依附于原来的基站进行部署，测试起来相对简单一些。在现有的技术中，有专门的 NB-IoT 网络测试仪器，这种仪器可以和手机连接，通过手机向 NB-IoT 仪器发送测试指令，NB-IoT 连接到基站上，设备通过指令测试 NB-IoT 设备之间通信链路的信号强度是否符合标准，通过指令测试设备与基站之间的通信信息，如基站扇区的覆盖面信息、误码率、吞吐量、射频信息以及网络信号强度等。

NB-IoT 测试主要有两个方面，一个是测试仪器与基站之间的连接情况；另一个是 NB-IoT 网络的信号测试等。

4.3.2　NB-IoT 终端测试

1. NB-IoT 终端的介绍

所谓终端是指终端设备单元，在传统概念中指属于计算机网络中的外围设备，通常可以在终端让用户输入信息以及可以在终端中回显数据等。

随着现在科技的快速发展，出现了移动终端的概念，比如常见的移动终端（手机、平板等）有自己的运算处理单元，可以单独运行处理一些数据。NB-IoT终端就具有这种条件，有自己的处理器，有自己的系统，采用MCU、NB-IoT模组、操作系统等。NB-IoT具备采集数据，上传传感器数据，同时具有接收和处理数据的能力。

终端一般由MCU（微控制器）、NB-IoT模组、小型操作系统三部分组成。终端实际应用在智能水表、智能井盖、智能路灯等，通过无线的形式连接到附近的基站上。终端采用低功耗的方式，可以通过电池进行长期供电，在不发送数据的情况下，终端一直处于PSM低功耗模式下，发送完数据之后进入低功耗模式，所以NB-IoT的终端具有低功耗的特点。

2. 终端测试

NB-IoT终端测试包括三个方面，即网络信息安全方面的测试、互联互通性能测试、网络互通性测试。

网络信息安全方面的测试主要包含通信安全测试、操作系统安全能力测试、应用安全保护能力测试。

互联互通性能测试主要包含基本业务功能测试、基本性能测试、网络保护测试。

网络互通性测试指测试网络的互通性。

NB-IoT终端设备进网整体流程分为样机送检、出具检测报告、样机取回、向设置认证中心提交申请、审批、发放电信设备入网许可证、定制入网标志、年检。

单个的NB-IoT终端测试分为三个方面，即MCU测试、NB-IoT模组测试、平台通信测试。

1）MCU测试。这主要测试MCU外围设备是否正常，如最小系统测试、串口测试等。通过相关的测试，可以查看MCU工作是否正常、串口通信是否正常等。

2）NB-IoT模组测试。MCU测试没有问题之后，可以通过MCU的串口将测试相关的AT指令发送到NB-IoT模组中，NB-IoT模组接收到相关指令后，返回相关信息，从而测试NB-IoT模组的工作状态、网络附着情况、NB-IoT信号强度等一系列终端信息。

3）平台通信测试。MCU测试、NB-IoT模组测试完成之后，将终端设备对接平台进行测试，这里的平台可以是华为平台、中国移动物联网平台、中国电信物联网平台等。通过平台可以测试终端数据上传是否正常，也就是上行数据是否正常，终端设备接收命令是否正常，也就是平台的下行数据接收是否正常。

通过以上所述NB-IoT设备测试之后，NB-IoT设备就可以正常使用，可以应用到具体的业务系统中。

4.3.3 任务实训

实训内容：配置NB基站基础数据。

操作步骤如下：

步骤1：启动LMT离线MML，如图4-17所示。

步骤2：单击"访问"按钮，打开LMT登录界面，如图4-18所示。

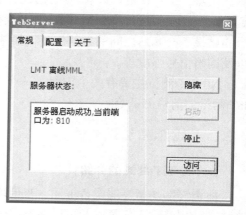

图4-17 启动LMT离线MML

图 4-18 登录

步骤 3：单击登录，进入 LMT 操作界面，如图 4-19 所示。

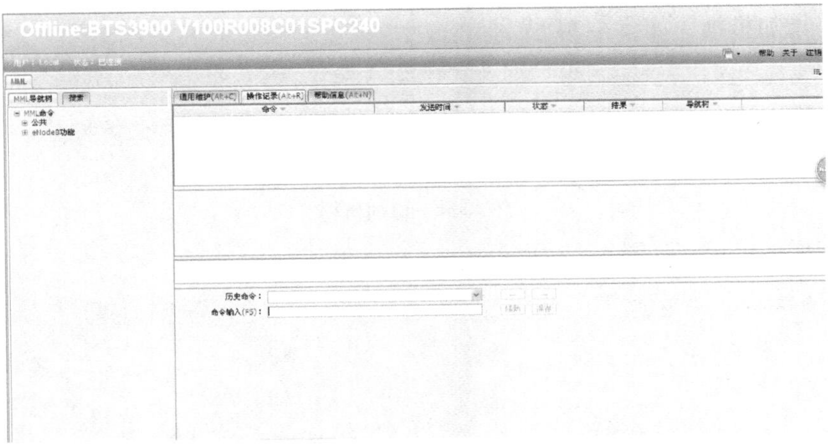

图 4-19 LMT 操作界面

步骤 4：关闭 DHCP，如图 4-20 所示。

图 4-20 关闭 DHCP

步骤 5：增加 eNodeB 功能与运营商信息，eNodeB 功能引用的应用必须存在，且应用类型必须为 eNodeB。LTE 单模基站中，系统默认配置了应用 ID 为 1 的 eNodeB 类型的应用，eNodeB 功能引用的应用标识需配置为 1，如图 4-21 所示。

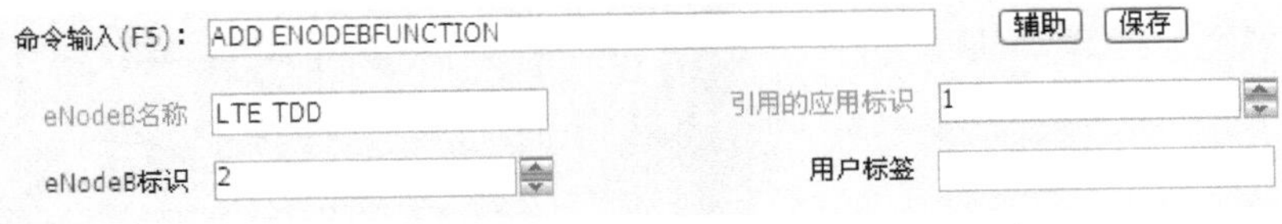

图 4-21 增加 eNodeB 功能与运营商信息

步骤6：添加运营商，如图4-22所示。

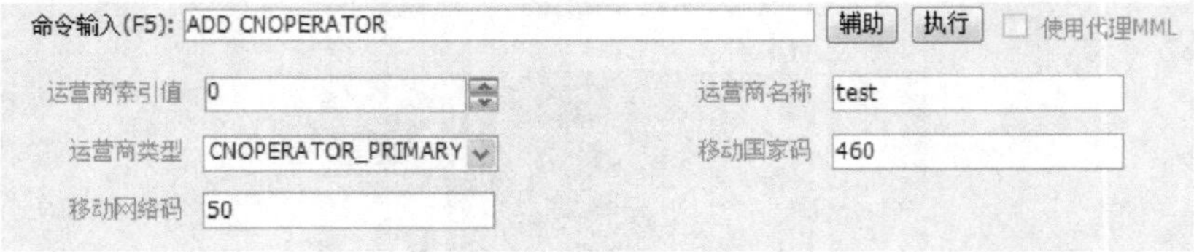

图4-22　添加运营商

步骤7：添加跟踪区域配置信息，如图4-23所示。

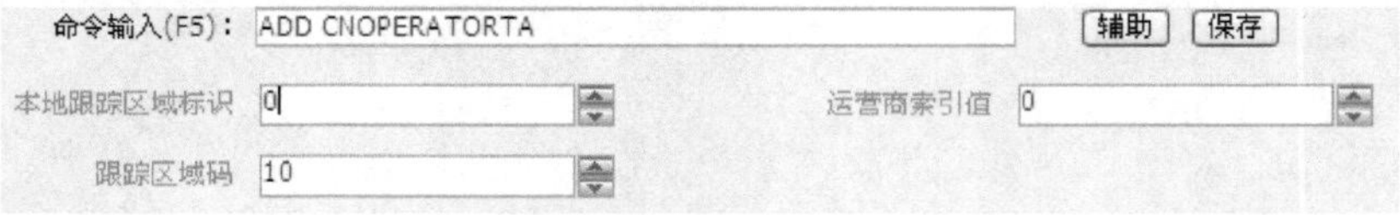

图4-23　添加跟踪区域配置信息

步骤8：增加机柜，如图4-24所示。

图4-24　增加机柜

步骤9：增加单板，如图4-25所示。

a)

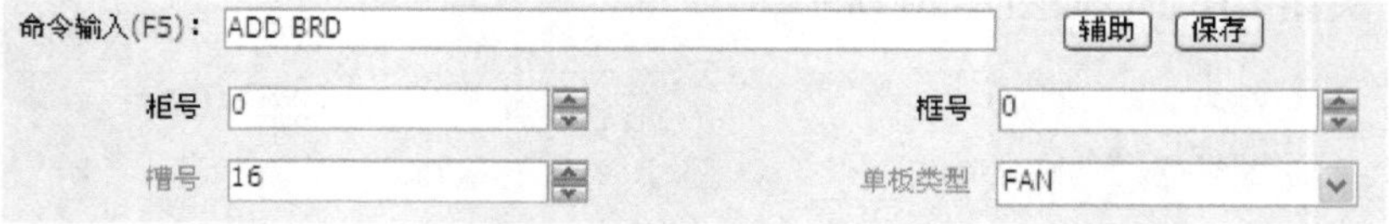

b)

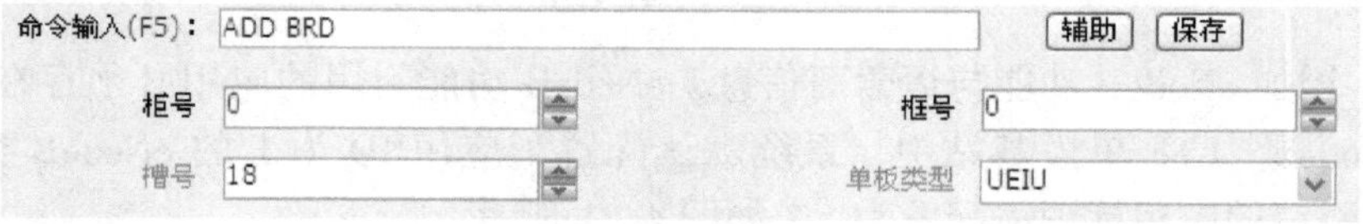

c)

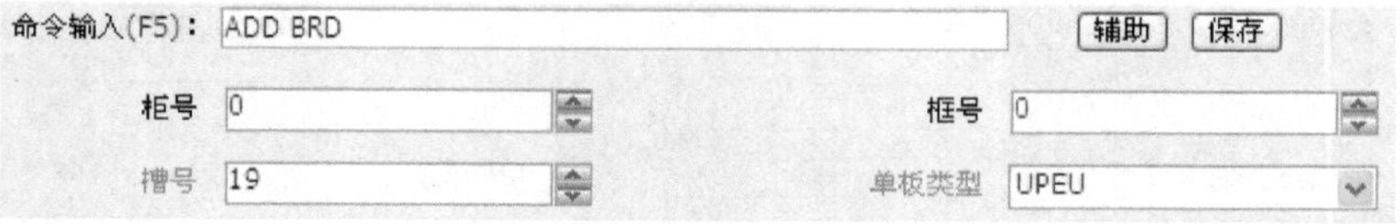

d)

图4-25　增加单板

步骤10：增加射频单元数据，如图4-26所示。

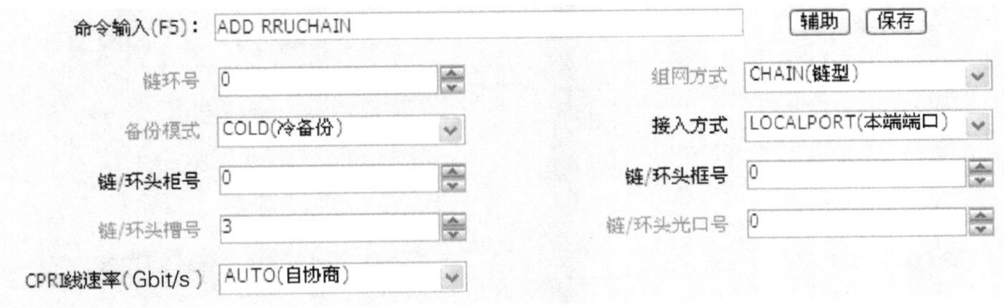

图4-26　增加射频单元数据

步骤11：增加RRU，如图4-27所示。

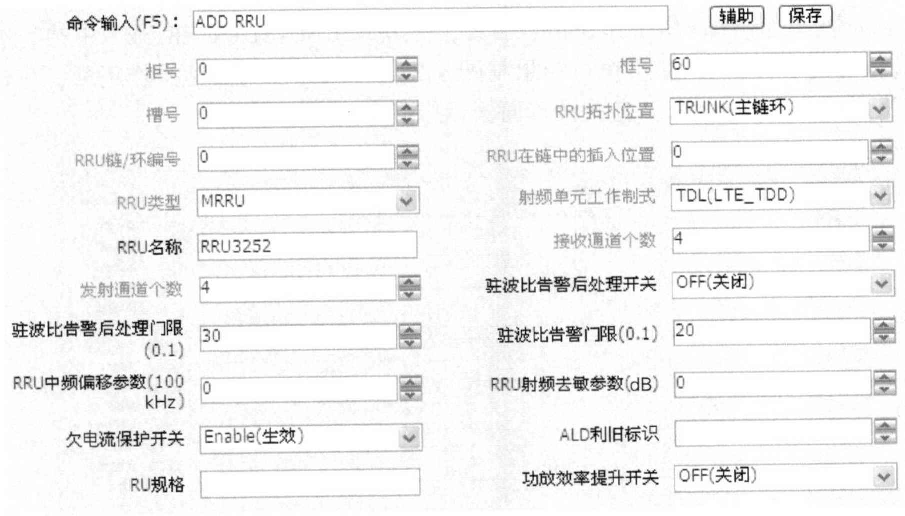

图4-27　增加RRU

步骤12：设置时区与同步参数，如图4-28所示。

a)

b)

图4-28　设置时区与同步参数

步骤13：增加时钟工作模式，如图4-29所示。

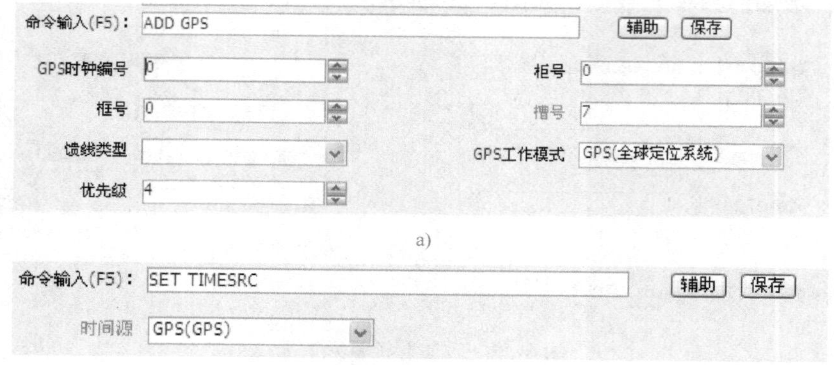

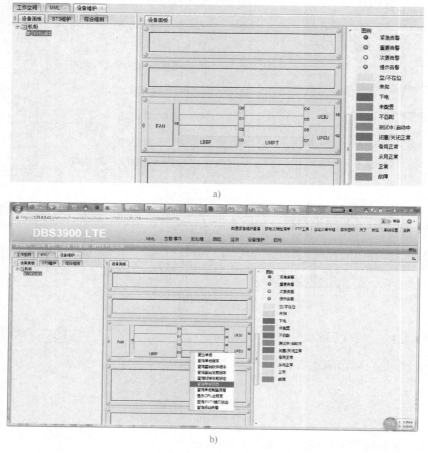

图 4-29 增加时钟工作模式

步骤 14：在桌面启动 eNodeB-online 工具，并登录 BBU-TDD，在 LMT 中执行相关操作与命令可以看到执行结果，如果执行结果与图 4-30a 一致，说明实验操作正常。单击"查询单板状态"，如图 4-30b 所示，查看设备面板运维状态。

图 4-30 单板信息

使用命令窗口，查询 GPS 状态，如图 4-31 所示。

图 4-31　GPS 状态

任务 4.4　NB-IoT 通信终端模组设计实践

本任务旨在让学生更好地理解模组设计，为后续学习 NB-IoT 的系统设计奠定基础，引导学生去了解通信终端模组、终端模组的工作模式，并让学生揭开 NB-IoT 的神秘面纱。

4.4.1　NB-IoT 通信模组状态改变

NB-IoT 模组启动时分几个启动流程，大致可分为七步：第一步，模组上电初始化 NB-SIM 卡（物联网 NB 卡）；第二步，搜索小区信号；第三步，附着到 NB 基站上；第四步，激活 PDN，获取 IP 地址；第五步建立用户数据链接；第六步长时间没有数据交互进入 PSM 状态；第七步，上发数据进入 CONNECT 连接状态。

可以通过向模组发送 AT 指令获取模组的状态信息。

"AT + NBAND？"可以查看当前频段信息，通过其返回的内容来判断，如果是 5 代表电信模组，如果是 8 代表移动/联通模组。"AT + NCONFIG？"命令可以查询配置信息。"AT + CFUN？"可以查询该模组是否处于全工作模式，以及确定 NB-IoT 的 SIM 卡是否安装好。"AT + CGATT？"命令可以查询模组是否附着成功，如果附着成功则会返回 1。状态查询主要查询模组网络注册相关信息，通过"AT + CEREG？"可以查询网络注册状态，这条命令发送成功之后会返回两个数值，我们以第二个返回数值为准，第二个返回数值为 1 表示网络注册成功，为 2 表示正在注册网络。注册网络的快慢和 NB-IoT 模组的信号强度有关，信号越强，注册网络速度越快。查看模组的工作状态可以通过"AT + CSCON？"命令进行查询，模组返回两个值，我们也是以第二个返回数值为准，返回数值是 1 表示 CONNECT 连接状态，0 表示 IDLE 睡眠状态。NB-IoT 模组有个低功耗的设计，就是模组在 20s 内没有数据交互就会从连接状态变成睡眠状态，进入睡眠状态 10s 后就会进入 PSM 状态，一旦进入这个状态之后就不会接收到下行的任何数据，只有 NB-IoT 模组自动发送上行数据后，模组才从 PSM 状态转换成 CONNECT 连接状态。模组状态查询 AT 指令见表 4-2。

表 4-2　AT 指令

指　　令	功能描述
AT + CFUN?	查询模组是否处于全功能模式
AT + CGATT?	查询模组是否附着网络成功
AT + CEREG?	查询网络注册状态
AT + CSCON?	查看模组工作时的连接状态

4.4.2　NB-IoT 通信模组设计

1. NB-IoT 通信模组介绍

NB-IoT 通信模组负责数据的接收和发送，作为终端节点，它是对外通信的窗口。现在 NB-IoT 模组很多，支持电信频段的模组有 BC95-B5 电信模组；支持移动、联通频段的有 BC95-B8；支持全网通的模组有 BC35-G、BC26 等模组。除了上述说的一些模组之外，NB-IoT 模组还有很多，这里就不一一介绍了。图 4-32 是两块上海移远通信技术股份有限公司的 NB-IoT 通信模组，左图为 BC35-G 模组，右图为 BC95 模组。

NB-IoT 模组虽然有很多，但模组设计方式基本相同，AT 指令集基本一致，所以在升级换模组时给用户提供了很多便利条件。其优势如下：

1）NB-IoT 模组尺寸紧凑。

2）灵敏度高，功耗低。

3）LCC 封装，适合批量生产。

图 4-32　模组设备

4）封装的设计与 GSM/GPRS 模组兼容，方便升级。

5）内嵌丰富的网络协议栈。

2. 硬件设计

NB-IoT 模组的设计兼容性强，使用方便，其整体图如图 4-33 所示，与 MCU 的连接如图中点画线框所示。

NB-IoT 模组是通过串口与 MCU 相连的，操作起来便捷。在有些情况下将串口引出去，通过串口助手向模组发送 AT 指令，同时模组会将相应的信息显示在串口助手中，便于调试和测试该模组。譬如一般开发步骤为先通过计算机调试，搞明白原理之后，就可以在 MCU 上按照计算机端调试的流程使用模组。这部分内容会在本书后续的内容中介绍。

4.4.3　任务实训

实训内容：设计 NB-IoT BC95 模组。

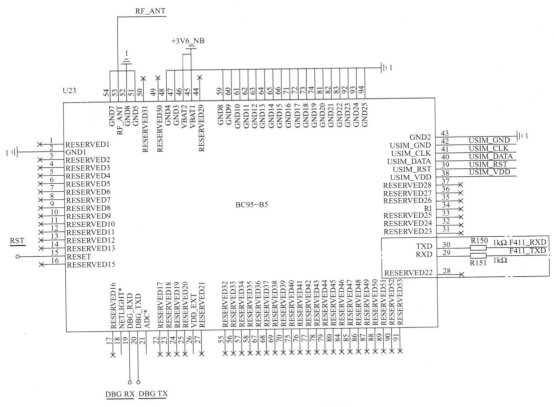

图 4-33　BC 95-B5 整体图

操作步骤如下：

步骤1：打开 OrCAD Capture，选择"File"/"New"/"Project…"新建工程，如图4-34 所示。

步骤2：在打开的对话框中，填入工程名称、保存地址，并在工程类型选中"Schematic"，单击"OK"按钮，如图4-35 所示。

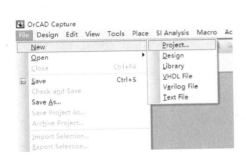

图 4-34　新建工程

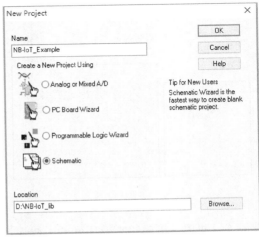

图 4-35　选择工程类型

步骤3：在弹出的工程编辑框中将会自动新建编辑页 PAGE1，可以在工程编辑框中选择修改编辑页名称，如图 4-36 所示。

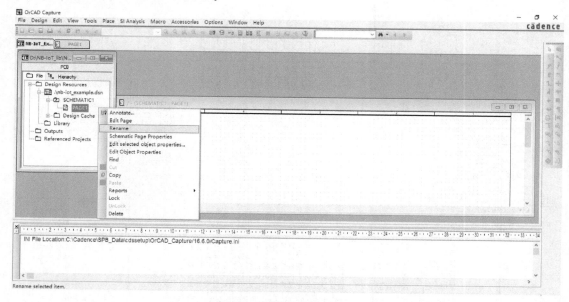

图 4-36　修改编辑页名称

步骤4：单击菜单中"Place"/"Part…"或者按下快捷键 < P >，在弹出的"Place"菜单中找到 NB-IoT BC95 元件模组符号，并双击点取使用，放置在原理图绘图区中，如图 4-37所示。

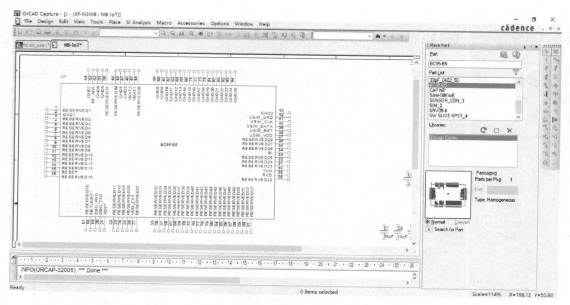

图 4-37　放置 BC95 元件模组

步骤5：同理，将模组需要用到的天线连接座、SIM 卡座以及信号连接座放置到绘图区中，如图 4-38 所示。

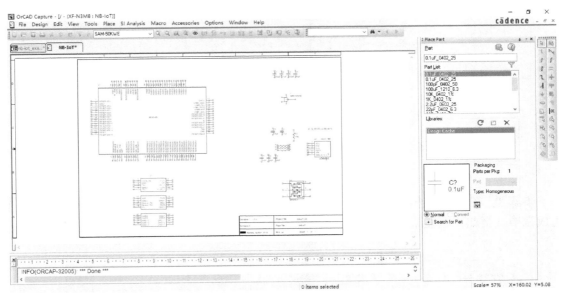

图 4-38　放置天线连接座、SIM 卡座及信号连接座

步骤 6：单击菜单 "Place" / "Wire…" 或者按下快捷键 ＜ W ＞，根据 NB-IoT 应用规范将需要使用的功能引脚连接在一起，使用菜单 "Place" / "Net Alias…" 或者按下快捷键 ＜ N ＞ 使用网络标号将功能引脚连接在一起，如图 4-39 所示。

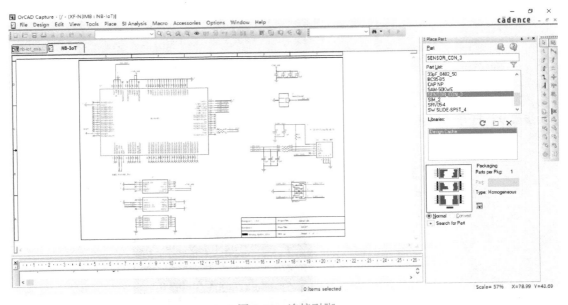

图 4-39　连接引脚

步骤 7：检查无误后单击选择工程管理页面 "NB-IoT_Example"，然后单击选中 "./NB-IoT_example.dsn" 工程文件，单击菜单栏 "Tools" / "Create Netlist…"，如图 4-40 所示。

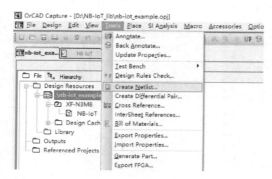

图 4-40　生成网络表

步骤 8：在弹出的选项框中单击"确认"按钮，如图 4-41 所示，然后等待网络表文件生成完毕。至此，原理图绘制结束。

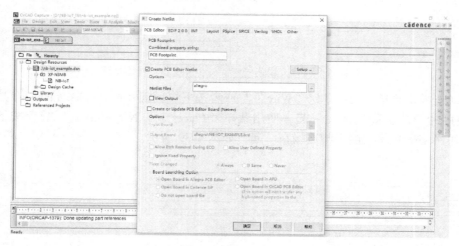

图 4-41　生成文件

步骤 9：打开"Allegro PCB Edit"选择"File"/"New…"，如图 4-42 所示。

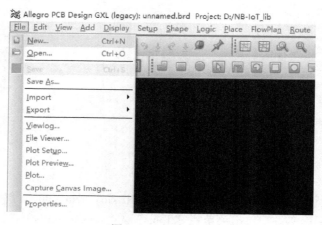

图 4-42　新建 PCB

步骤10：在弹出的提示框中选择保存路径，选择类型为"Board"，如图4-43所示。

步骤11：单击"File"／"Import"／"Logic…"，导入原理图生成的网络表文件，如图4-44所示。

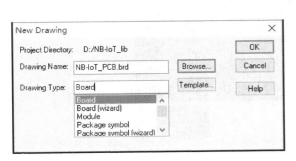

图4-43 选择保存路径和类型

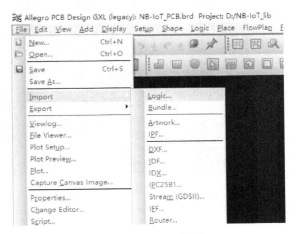

图4-44 导入网络表

步骤12：在弹出的对话框中选择导入类型为"Design entry CIS（Capture）"，并选择导入路径为生成网表的文件夹，单击"Import Cadence"，如图4-45所示，等待完成。

步骤13：在菜单栏中选择"Add"／"Rectangle"进行绘制PCB矩形外框的前置步骤，如图4-46所示。

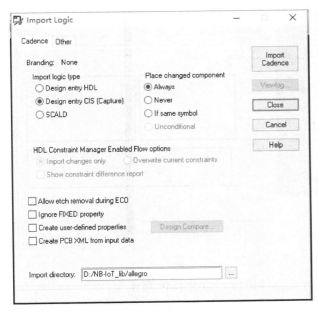

图4-45 选择导入类型和路径

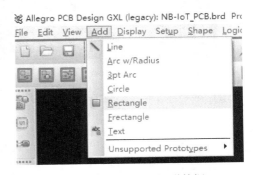

图4-46 绘制PCB矩形外框

步骤14：在右侧"Options"选项卡中选择"Board Geometry"类型与Outline选项，填入板框尺寸65mm（宽）、45mm（高），最后在绘图区左键单击即可添加矩形外框，如图4-47所示。

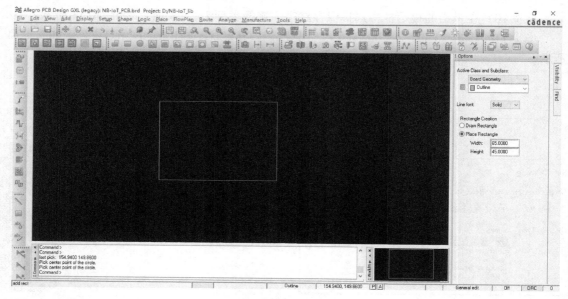

图 4-47　添加矩形外框

步骤 15：添加导入的元器件，单击菜单"Place"／"Quickplace…"，在弹出的选项卡中单击"Place"按钮，即可自动导入元器件，如图 4-48 所示。

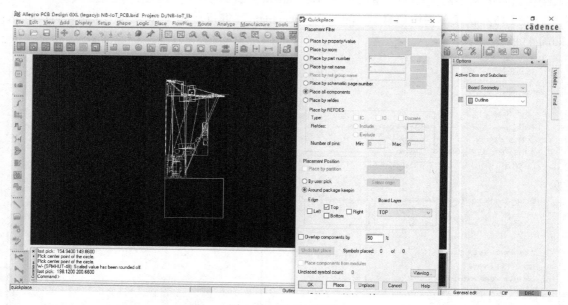

图 4-48　导入元器件

步骤 16：根据布局规则，调整并摆放好元器件位置，如图 4-49 所示。

步骤 17：按下快捷键＜F3＞进行走线，根据连线提示，按照连线规则进行信号线走线，如图 4-50 所示。

步骤 18：根据需要选择敷铜操作。至此，PCB 设计部分步骤结束，效果图如图 4-51 所示。

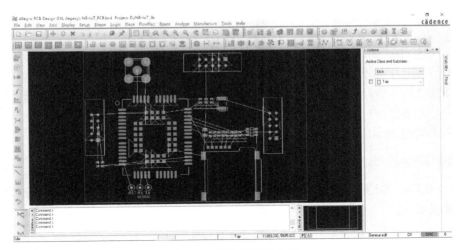

图 4-49 调整元器件位置

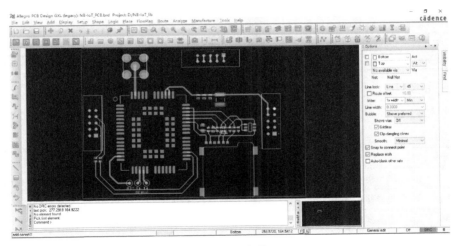

图 4-50 走线

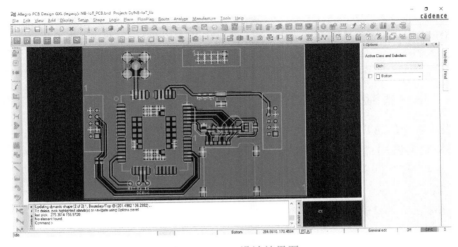

图 4-51 PCB 设计效果图

任务 4.5　AT 指令操作与模组信息查询

本任务旨在让学生更好地理解 AT 指令，为后续的 NB 通信设计奠定基础，引导学生使用 AT 指令操作 NB-IoT 模组通信，并让学生实际去体验 NB-IoT 通信场景。用户使用 NB-IoT 模组时，只需要发送 AT 指令，NB-IoT 模组控制线程就会根据指令去管理 NB-IoT 通信模组，这样大大简化了开发工作量。

4.5.1　AT 指令基本功能熟悉

AT 指令从功能作用上分为测试命令、读取参数命令、设置参数命令、执行参数命令四种格式，见表 4-3。

表 4-3　AT 指令格式

类　　型	格　　式	功　　能
测试命令	AT + < cmd > = ？	查询 cmd 命令下所有可能的值
读取参数命令	AT + < cmd >？	查询当前 cmd 命令下的值
设置参数命令	AT + < cmd > = p1	设置当前 cmd 命令的参数值
执行参数命令	AT + < cmd >	执行 cmd 命令

AT 指令可分为三大类：3GPP Commands、ETSI Commands、General Commands。常用 AT 指令见表 4-4。

表 4-4　常用 AT 指令

常用 AT 指令	指令说明	常用 AT 指令	指令说明
AT	同步指令	AT + CIMI	查询国际移动设备身份码
AT + CMEE	报告移动终端错误	AT + CGATT	PS（分组交换）连接或分离
AT + CGMI	查询制造商 ID	AT + CSQ	获取信号强度
AT + CGMM	查询模组型号	AT + COPS	选择接入的网络
AT + CGMR	查询固件版本	AT + CEREG	查询网络注册状态
AT + NBAND	设置频段	AT + CSCON	查询信号连接状态
AT + NCONFIG	配置模组功能	AT + NUESTATS	获取操作统计
AT + CFUN	查询是否打开 RF 电路	AT + CLAC	列出可用命令

4.5.2　AT 指令查询模组信息操作

根据表 4-4 中的 AT 指令功能可以得知：

1）固件查询使用：AT + CGMR 指令。

```
AT + CGMR
Response
< Revision >  //模组固件版本

OK
```

2）频段查询使用：AT + NBAND 指令。

AT + NBAND//设置频段

AT + NBAND = n

n：

可设置为5（电信850MHz）、8（移动和联通900MHz）、20（欧洲）、28（南美）。

注：不同型号的模组所支持的频段是固定的，可以通过 AT + NBAND = ? 查询模组所支持的频段，B657SP1 以后的版本不再需要进行频段的配置

Response

OK

4.5.3 任务实训

实训内容：通过调试工具，由串口发送 AT 指令，查询模组信息。

具体步骤如下：

步骤1：将"IOT_NB_网络附着代码"烧写到 NB-IoT 实训箱上，如图 4-52 所示。

图 4-52 代码烧写

步骤2：通过 Mini USB 转串口将实训箱与计算机端连接起来，如图 4-53 所示。

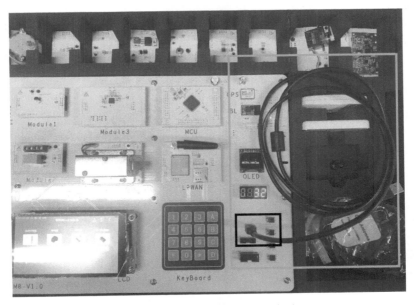

图 4-53 Mini USB 转串口连接图

步骤 3：打开 NB-IoT 模组调试上位机 "NB-IoT QNavigator"，如图 4-54 所示。

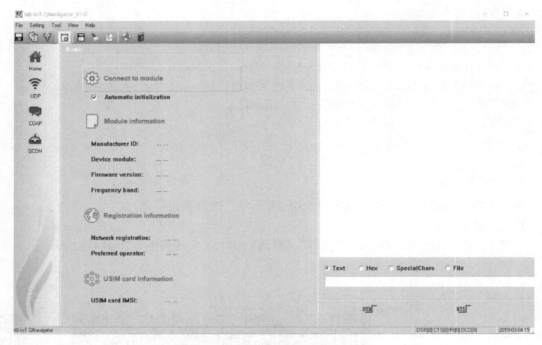

图 4-54 打开 NB-IoT 模组调试上位机

步骤 4：配置 "Serial port"，如图 4-55 所示。

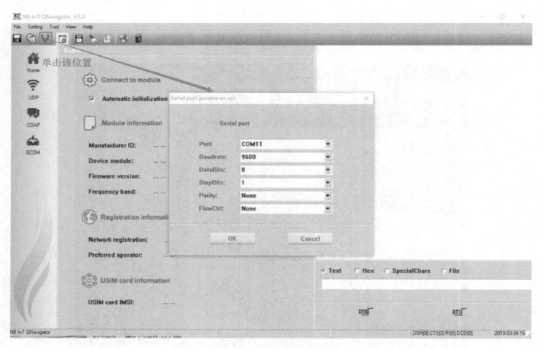

图 4-55 "Serial port" 配置界面

步骤5：连接串口，如图4-56所示。

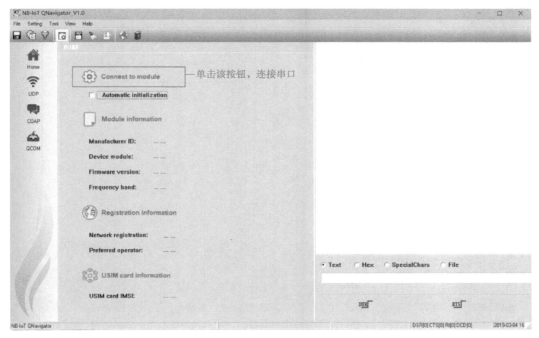

图4-56　连接串口界面

步骤6：单击"QCOM"，进入AT指令发送模式，如图4-57所示。

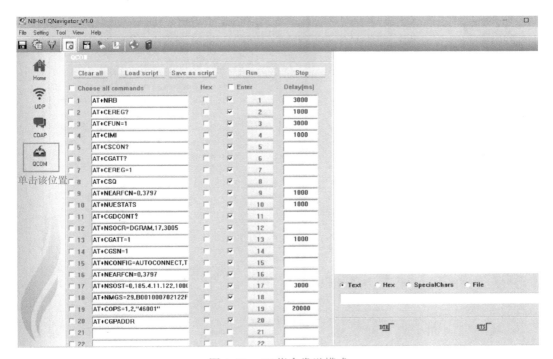

图4-57　AT指令发送模式

步骤7：发送同步指令：AT，模组返回信息如图4-58所示。

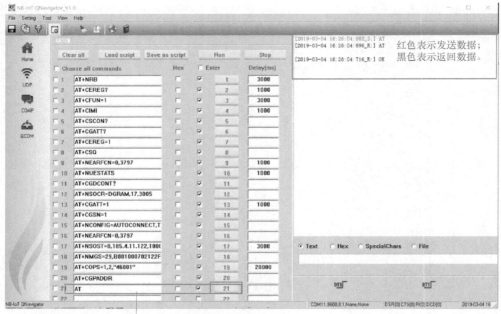

在空白栏输入AT指令，单击后面的按钮发送数据

图4-58 同步指令返回信息

步骤8：发送版本查询指令：AT+CGMR，模组返回信息如图4-59所示。

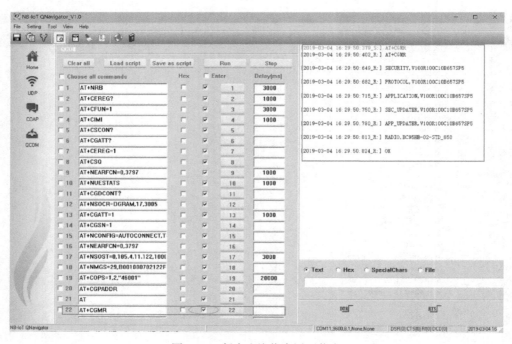

图4-59 版本查询指令返回信息

步骤9：发送通信频段查询指令：AT＋NBAND＝?，模组返回信息如图4-60所示。根据图中返回数据：＋NBAND:(5)，可以得出该模组使用的频段是电信850MHz。

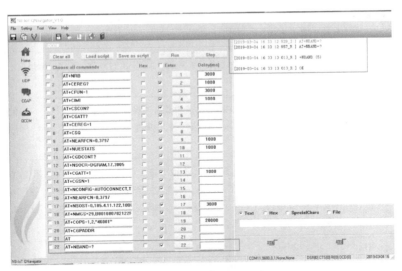

图4-60　通信频段查询指令返回信息

任务4.6　CoAP协议与通信实验

本任务旨在让学生更好地理解NB-IoT通信，首先介绍了CoAP协议的报文格式，然后介绍温度采集和数据上报实验，引导学生学会使用NB-IoT模组进行通信的数据采集。

4.6.1　CoAP协议报文格式解析

CoAP协议是受限制的应用协议的代名词。在当前由计算机组成的世界里，信息交换是通过TCP协议和应用层HTTP协议实现的。但是对于小型设备而言，实现TCP协议和HTTP协议显然是一个过分的要求。为了让小设备可以接入互联网，CoAP协议被设计出来。CoAP协议是一种应用层协议，它运行于UDP协议之上，而不是像HTTP协议那样运行于TCP协议之上。CoAP协议非常小巧，最小的数据包仅为4B。CoAP协议报文结构如图4-61所示，报文注释见表4-5，具体内容可参考RFC7252。

```
 0                   1                   2                   3
 0 1 2 3 4 5 6 7 8 9 0 1 2 3 4 5 6 7 8 9 0 1 2 3 4 5 6 7 8 9 0 1
+-+-+-+-+-+-+-+-+-+-+-+-+-+-+-+-+-+-+-+-+-+-+-+-+-+-+-+-+-+-+-+-+
|Ver| T |  TKL  |      Code     |          Message ID           |
+-+-+-+-+-+-+-+-+-+-+-+-+-+-+-+-+-+-+-+-+-+-+-+-+-+-+-+-+-+-+-+-+
|   Token (if any, TKL bytes) ...
+-+-+-+-+-+-+-+-+-+-+-+-+-+-+-+-+-+-+-+-+-+-+-+-+-+-+-+-+-+-+-+-+
|   Options (if any) ...
+-+-+-+-+-+-+-+-+-+-+-+-+-+-+-+-+-+-+-+-+-+-+-+-+-+-+-+-+-+-+-+-+
|1 1 1 1 1 1 1 1|    Payload (if any) ...
+-+-+-+-+-+-+-+-+-+-+-+-+-+-+-+-+-+-+-+-+-+-+-+-+-+-+-+-+-+-+-+-+
```

图4-61　CoAP协议报文结构

表4-5 报文注释

序　号	报　文	解　释
1	Ver	版本编号，指示 CoAP 协议的版本号，类似于 HTTP 1.0、HTTP 1.1。版本编号占 2 位，取值为 01B
2	T	报文类型，CoAP 协议定义了 4 种不同形式的报文，即 CON 报文、NON 报文、ACK 报文和 RST 报文
3	TKL	CoAP 标识符长度。CoAP 协议中具有两种功能相似的标识符，一种为 Message ID（报文编号），一种为 Token（令牌）。其中每个报文均包含消息编号，但是标识符对于报文来说是非必须的
4	Code	功能码/响应码。Code 在 CoAP 请求报文和响应报文中具有不同的表现形式，Code 占一个字节，它被分成了两部分，前 3 位一部分，后 5 位一部分，为了方便描述，它被写成了 c.dd 结构。其中 0.XX 表示 CoAP 请求的某种方法，而 2.XX、4.XX 或 5.XX 则表示 CoAP 响应的某种具体表现
5	Message ID	报文编号
6	Token	令牌，通过 TKL 指定 Token 长度
7	Options	报文选项，通过报文选项可设定 CoAP 主机、CoAP URI、CoAP 请求参数和负载媒体类型等
8	0xff	CoAP 报文和具体负载之间的分隔符
9	Payload	负载数据

4.6.2　温度传感器数据采集操作

DS18B20 是常用的数字温度传感器，其输出的是数字信号，具有体积小、硬件开销低、抗干扰能力强、精度高的特点。DS18B20 数字温度传感器接线方便，封装形式有管道式、螺纹式、磁铁吸附式、不锈钢封装式，型号有 LTM8877、LTM8874 等。

本工程相关的文件工程 Drivers 组下 bsp 里的 sensor_single_line.c，包含了关于温度传感器 DS18B20 所有操作的封装。例如：

u8 DS18B20_Init（void）函数为 DS18B20 引脚初始化函数。

void DS18B20_Get_Temp（u8 * data）函数为获取温度函数，其中 data 必须大于 5B。

4.6.3　基于 CoAP 协议温度数据上传操作

这里只讲解核心部分的代码，有些变量的设置、头文件的包含等可能不会涉及，完整的代码请参考本任务配套的工程。

为了使工程更加有条理，把按键控制相关的代码分开独立存储，方便以后移植。本工程相关的文件工程 Drivers 组下 NB-IoT 里的 NB_BC95.c、NB_Board.c、NB_Board_Cfg.c、timer_user_poll.c，包含了关于 NB-IoT 通信模组的所有操作的封装。usart_nb_iot_driver.c、usart_nb_iot_driver.h 是 NB-IoT 模组和 STM32F411 的底层通信驱动文件。

App_NB_control.c 的代码如下：

```
#include "includes. h"
*/ #include <usart_nb_iot_driver. h >

#include "timer_user_poll. h"

#include "NB_Board. h"
#include "NB_BC95. h"
/**
  * @brief 接收信息回调函数
  * @retval
 */
extern int NB_MsgreportCb(msg_types_t,int ,char * );

/**
  * @brief 串口操作对象初始化
  * @retval 串口初始化、发送函数、接收函数三个函数指针赋值给 com_fxn 对象
 */
com_fxnTable   com_fxn =
{
 .openFxn = NB_HAL_UARTDMA_Init,
 .sendFxn = NB_HAL_UART_Write,
 .closeFxn = NB_HAL_UART_Close
};

/**
  * @brief 定时器操作对象初始化
  * @retval 定时器设置、开启、关闭三个函数指针赋值给 time_fxn 对象
 */
time_fxnTable time_fxn =
{
 .initTimerFxn = MX_TIM_Set,
 .startTimerFxn = MX_TIM_Start,
 .stopTimerFxn = MX_TIM_Stop
};

/**
  * @brief NB 操作对象初始化
  * @retval 波特率设置、使用串口、定时器对象指针赋值给 HWAtrrs_object 对象
  */
hw_object_t   HWAtrrs_object =
{
  .baudrate = 9600,
```

```
  .uart_fxnTable = &com_fxn,
  .timer_fxnTable = &time_fxn
};


/**
  * @brief NB-IoT 模组配置接口
  * @retval NB-IoT 底层操作函数指针赋值给 nb_config 结构体的 object,回调函数赋值
给 AppReceCB
  */
NB_Config  nb_config =
{
  .fxnTablePtr = NULL,
  .object = (void*)&HWAtrrs_object,
  .AppReceCB = NB_MsgreportCb,
  .log = NULL
};
```

上述结构体,是把 STM32F411 的底层通信功能函数指针与接收 NB 组件消息的回调函数指针传入到 NB-IoT 组件内,以便调用相应函数的功能。

```
#include "includes.h"
typedef enum
{
  SUB_NONE,
  SUB_SYNC,/* Start AT SYNC: Send AT every 1s, if receive OK, SYNC success, if no
OK return after sending AT 10 times, SYNC fail */
  SUB_CMEE,/* Use AT+CMEE=1 to enable result code and use numeric values */
  SUB_CFUN,/* 设置终端 RF 射频是否打开 */
  SUB_CIMI,/* 查询移动设备身份码 */
  SUB_CGSN,/* 查询模组序列号 */
  SUB_CEREG,/* 查询网络注册状态 */
  SUB_CSCON,/* 查询信号连接状态,该命令提供终端感知到的无线电连接状态(即到基站)的详细
信息 */
  SUB_CGATT,/* PS 连接或者分离 */
  SUB_CGATT_QUERY,
  SUB_NSMI,/* 下行标志 */
  SUB_NNMI,/* 上行标志 */
  SUB_CGMI,
  SUB_CGMM,
  SUB_CGMR,
  SUB_NBAND,
  SUB_UDP_CR,
  SUB_UDP_CL,
```

```
    SUB_UDP_ST,
    SUB_UDP_RE,
    SUB_END
}sub_id_t;
```

为了简化用户操作，方便使用 NB-IoT 异步通信驱动，我们将 NB-IoT 操作归为以下几种：

1）根据 NB-IoT 的状态切换实现 NB-IoT 通信控制。

2）在程序中引入状态变量，根据状态变量值的不同，执行不同的操作，类似一个状态结构，而且这种结构非常适合异步通信结构。

3）用户只需要更改状态变量的值（本文通过 set_APP_STATE 函数改变状态值），便可以控制程序代码的执行流程。set_APP_STATE 函数代码如下：

```
void set_APP_STATE( u8 i )
{
    APP_STATE = ( NB_STATE_e ) i;
}
/**
 * @brief NB-IoT 模组通信控制任务
 * @details
 * @param   pdata 无用
 * @retval 无
 */
static void * Task_NB( UINT32 uwParam1,
                       UINT32 uwParam2,
                       UINT32 uwParam3,
                       UINT32 uwParam4 )

{
    debug_printf( "[%s] enter. \r \n", _func_ );
    NBModule_open( &nb_config );
    APP_STATE = NB_NONE;
    OSTimeDly( 1000 );
    for( ;; )
    {
        MX_TimerPoll();/* 超时轮询函数 */
        NBModule_Main( &nb_config );/* NB-IoT 模组通信处理主任务 */
        switch( APP_STATE )
        {
            case NB_NONE:
            {
                //wait for key
                APP_STATE = NB_INIT;
            }
```

```
        break;
    case NB_INIT:
    {
        debug_printf( "\r\n<----BC95 Init---->\r\n" );
        LCD_Print( "Init start...", NULL );
        seq_record = 0;
        NBModule_Init( &nb_config );
        APP_STATE = NB_END;
    }
    break;
    case NB_SIGN:
    {
        debug_printf( "\r\n<----BC95 get signal---->\r\n" );
        NBModule_Sign( &nb_config );
        APP_STATE = NB_END;
    }
    break;
    case NB_MODULE:
    {
        debug_printf( "\r\n<----Module info---->\r\n" );
        LCD_Print( "Module info...", NULL );
        NBModule_Info( &nb_config );
        APP_STATE = NB_END;
    }
    break;
    case NB_UDP_CR:
    {
        debug_printf( "\r\n<----Create udp---->\r\n" );
        LCD_Print( "UDP Create...", NULL );
        NBModule_CreateUDP( &nb_config );
        APP_STATE = NB_END;
    }
    break;
    case NB_UDP_CL:
    {
        debug_printf( "\r\n<----Close udp---->\r\n" );
        NBModule_CloseUDP( &nb_config );
        APP_STATE = NB_END;
    }
    break;
    case NB_UDP_REG:
    {
```

```
    }
    break;
    case NB_UDP_ST:
    {
        debug_printf ( " \r \n < ---- Send udp ---- > \r \n" );
        LCD_Print ( "Udp send...", NULL );
        char *   userPacket = "NB_huawei_HZP";
        NBModule_SendData ( &nb_config, sizeof ( "NB_EK_L476" ), userPacket );
        APP_STATE = NB_END;
    }
    break;
    case NB_UDP_RE:
    {
    }
    break;
    case NB_CoAP_SEVER:
    {
        debug_printf ( " \r \n < ---- CoAP Server set ---- > \r \n" );
        LCD_Print ( "Coap remote...", NULL );
        NBModule_CoAPServer ( &nb_config, 1, NULL );
        APP_STATE = NB_END;
    }
    break;
    case NB_CoAP_ST:
    {
        //  bc95_coapSendMsg (&nb_config,12,test);
        debug_printf ( " \r \n < ---- CoAP ST ---- > \r \n" );
        u8 data[6] = {0};
        DS18B20_Get_Temp ( data );
        LCD_Print ( "Tempter update to OceanConnect...", NULL );
        app_transmit_packet ( 10000, 07, 01, 0x14, 0, 5, data );
        APP_STATE = NB_END;
    }
    break;
    case NB_CoAP_RE:
    {
    }
    break;
    default:
    {
    }
```

```
                break;
            }
            OSTimeDly( 100 );
        }
    }
```

当 NB-IoT 通信模组接收到数据后，NB 通信机制会调用 NB_MsgreportCb，告知用户层接收到了数据，用户接收数据处理函数再来对接收到的数据做相应的处理。NB_MsgreportCb 函数代码如下：

```c
/**
 * @brief NB_MsgreportCb
 * @details NB-IoT 模组消息上报回调显示层
 * @param   pdata 无用
 * @retval 无
 */
int  NB_MsgreportCb( msg_types_t types, int len, char * msg )
{
    switch( types )
    {
        case MSG_INIT:
        {
            debug_printf( "\r\nINIT = % s \r\n", msg );
            LCD_Print( "Init = % s", msg );
            if( *msg == 'S' )
            {
                Display_print( 1, 0, "NET = ON" );
                APP_STATE = NB_SIGN;
                seq_record |= NB_SEQ_INIT;  //记录初始化成功
            }
            else
            {
                debug_printf( "Reinit NB with S1 \r \n" );
                LCD_Print( "Reinit NB...", NULL );
            }
        }
        break;
        case MSG_IMSI:
        {
            debug_printf( "\r \nIMSI = % s \r \n", msg );
            LCD_Print( msg, NULL );
        }
        break;
        case MSG_REG:
```

```
    {
        Display_print ( 1, 0, "NET = %s", ( *msg ) == 1 ? "ON" : "OFF" );
    }
    break;
    case MSG_SIGN:
    {
        Display_print ( 1, 8, "%sdbm  ", msg );
        APP_STATE = NB_CoAP_SEVER;   //设定远程地址
    }
    break;
    case MSG_MODULE_INFO:
    {
        debug_printf ( "\r\nMinfo = %s\r\n", msg );
    }
    break;
    case MSG_MID:
    {
        debug_printf ( "\r\nMID = %s\r\n", msg );
    }
    break;
    case MSG_MMODEL:
    {
        debug_printf ( "\r\nModel = %s\r\n", msg );
    }
    break;
    case MSG_MREV:
    {
        debug_printf ( "\r\nREV = %s\r\n", msg );
    }
    break;
    case MSG_BAND:
    {
        debug_printf ( "\r\nFreq = %s\r\n", msg );
    }
    break;
    case MSG_IMEI:
    {
        debug_printf ( "\r\nIMEI = %s\r\n", msg );
        //保存 IMEI 信息
        NB_Module_IMEI = ( uint8_t * )msg;
    }
    break;
    case MSG_UDP_CREATE:
```

```
    {
        debug_printf( "\r\nUDP_CR = %s \r\n", msg );
        LCD_Print( "UDP = %s", msg );
        if( *msg == 'S' )       //'S'表示创建成功,'F'表示失败
        {
            seq_record |= NB_SEQ_UDP_CR;        //记录初始化成功
        }
        else
        {
            debug_printf( "Please, recreate udp \r \n" );
        }
    }
    break;
    case MSG_UDP_CLOSE:
    {
        debug_printf( "\r \nUDP_CL = %s \r \n", msg );
        if( *msg == 'S' )
        {
            //清除 UDP 创建成功标志
            seq_record & = ~NB_SEQ_UDP_CR;
        }
    }
    break;
    case MSG_UDP_SEND:
    {
        debug_printf( "\r \nUDP_SEND = %s \r \n", msg );
        LCD_Print( "Send = %s", msg );
    }
    break;
    case MSG_UDP_RECE:
    {
        debug_printf( "\r \nUDP_RECE = %s \r \n", msg );
        LCD_Print( msg, NULL );
    }
    break;
    case MSG_COAP:
    {
        debug_printf( "\r \nCOAP = %s \r \n", msg );
        if( *msg == 'S' )
        {
            //针对设置
            seq_record |= NB_SEQ_COAP_SERVER;
        }
    }
```

```
        break;
    case MSG_COAP_SEND:
    {
        debug_printf ( "\r\nCOAP_SENT = %s \r \n", msg );
    }
    break;
    case MSG_COAP_RECE:
    {
        debug_printf ( "\r\nCOAP_RECE = %s \r \n", msg );
        LCD_Print ( msg, NULL );
    }
    break;
    default :
    {
        break;
    }
    }
    return 0;
}
```

在上面的基础上，添加 CoAP 远端服务器 IP 和 Port 设置，即设置 NB-IoT 通信模组的状态为 NB_CoAP_SEVER；调用 NB-IoT 发送数据函数 app_transmit_packet 就可以实现 NB-IoT 节点发送数据到 OceanConnect 平台。

NB_BC95.c 中的第 246 行代码配置了 CoAP 远端服务器的 IP 地址和端口号 Port，用户根据自己申请的华为 OceanConnect 实验平台修改 IP 地址即可，端口号不用修改（CoAP 默认端口号是 5683），IP 修改如图 4-62 所示，CoAP 远程操作如图 4-63 所示。

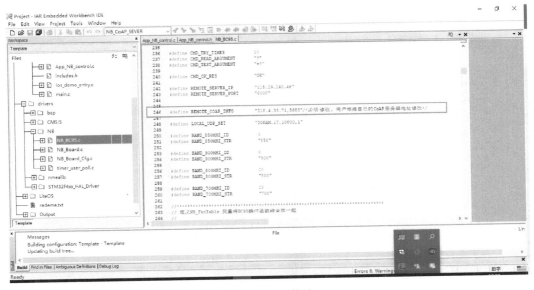

图 4-62　IP 修改

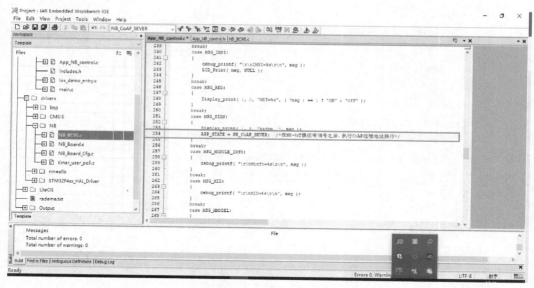

图 4-63　CoPA 远程操作

4.6.4　任务实训

实训内容：设计一个串口打印的实验。

具体操作步骤如下：

步骤 1：启动"IAR"，打开"03 实验源码 \ NB-IoT 通信实验 \ IOT_NB_基于 CoAP 温度采集 \ Template \ EWARM"下的工程文件 Project，如图 4-64 所示。

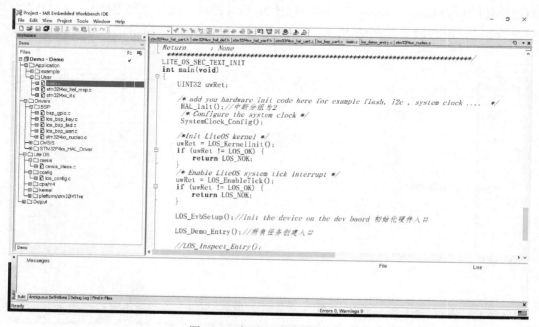

图 4-64　打开工程文件 Project

步骤2：Make 编译后，单击"Download and Debug"，如图4-65 所示。

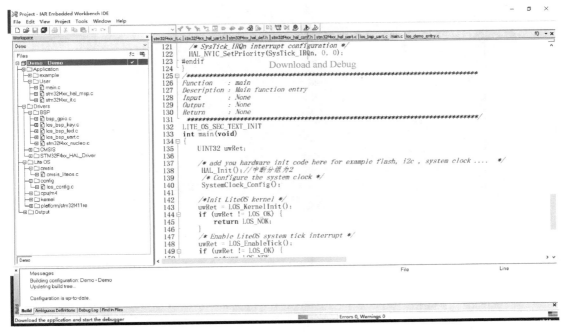

图 4-65　单击"Download and Debug"

步骤3：单击全速运行，如图4-66 所示。

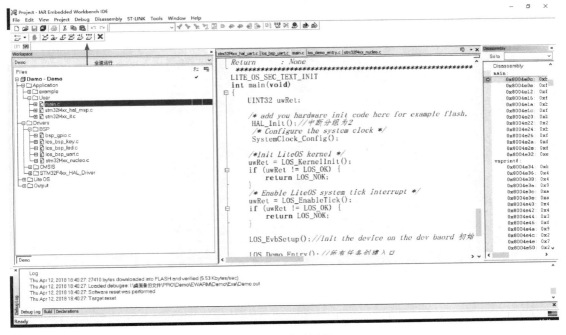

图 4-66　全速运行

步骤4：打开串口调试助手，如图4-67 所示。

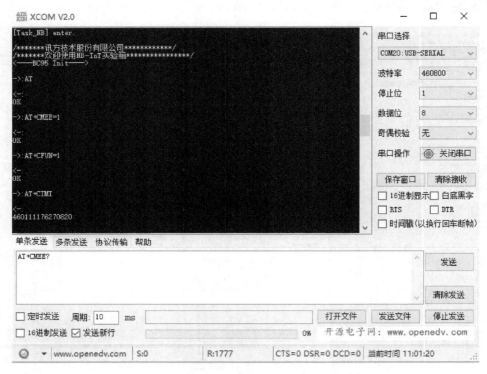

图 4-67　串口调试助手

步骤 5：观察串口调试助手打印的信息，效果如图 4-68 所示。验证完毕后，退出仿真界面，关闭 IAR 软件，关闭硬件电源，整理桌面，至此，实验完成。

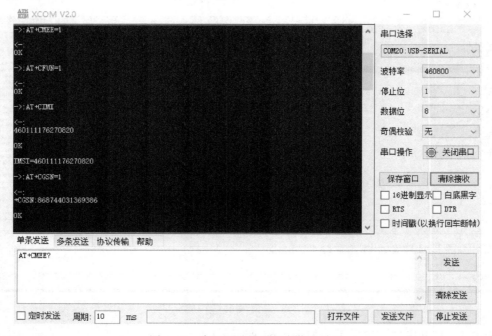

图 4-68　串口调试助手打印信息效果

项 目 小 结

本项目介绍了 NB-IoT 通信测试，通过本项目可以了解到 NB-IoT 通信相关知识。NB-IoT 通信相关内容包括：

1. NB-IoT 网络体系架构的了解与绘制。

2. NB-IoT 的部署方式。

3. NB-IoT 设备测试。

4. NB-IoT 终端模组的设计。

5. NB-IoT 模组 AT 指令的使用。

6. 基于 CoAP 协议的温度数据上传。

 ## 思考题与习题

一、思考题

1. NB-IoT 与 GSM/GPRS 有什么不同？

2. NB-IoT 有哪些优势？

二、选择题

1. NB-IoT 模组采用哪种通信协议进行通信？（　　）（单选）

A. MQTT　　　　　B. CoAP　　　　　C. TCP　　　　　D. IIC

2. NB-IoT 的关键特征有哪些？（　　）（多选）

A. 超强覆盖　　　B. 超低功耗　　　C. 超低成本　　　D. 超大连接

3. NB-IoT 工作在哪种模式下是最省电的？（　　）（单选）

A. PSM　　　　　B. DRX　　　　　C. eDRX　　　　　D. RSRP

4. 以下哪个 AT 指令是查询模组信号强度的指令？（　　）（单选）

A. AT + CSQ?　　B. AT　　　　　C. AT +　　　　D. AT + OGMI

三、填空题

1. AT + NNMI = 1，这条命令的作用是_____。

2. NB-IoT 的部署方式有_____、_____、_____。

3. NB-IoT 网络体系架构有_____、_____、EPC、_____。

4. NB-IoT 模组采用的低功耗模式是_____。

项目5 第三方连接管理平台

本项目通过对 IoT 连接管理平台——OceanConnect 的管理应用,让学生通过华为 Ocean-Connect 平台,将第三方的物联网终端连接到物联网云平台,实现设备和平台之间数据采集和命令下发的双向通信,对设备进行高效、可视化的管理,对数据进行整合分析。本项目采用项目任务式的组织方式,由理论到实践,分步教学。首先介绍 OceanConnect 平台整体功能,使学生了解平台的特点与优势;接着引导学生搭建远程实验环境、编写 Profile 文件、开发编解码插件、使用 OceanConnect 平台进行数据通信等。通过整个项目的实践,学生可以在任务中学会 OceanConnect 平台的应用。

知识目标	1. 了解主流 IoT 连接管理平台发展状况与特点 2. 熟悉 OceanConnect 平台的功能 3. 了解 Profile 文件规范和字段含义 4. 了解 OceanConnect 平台的架构 5. 了解 OceanConnect 生态构建
能力目标	1. 能搭建远程实验环境 2. 能编写 Profile 文件 3. 能进行编解码插件的开发 4. 能在 OceanConnect 平台上进行数据通信
重点、难点	1. 编写 Profile 文件 2. 开发编解码插件
推荐教学方式	了解主流 IoT 连接管理平台,熟悉 OceanConnect 平台的功能。引导学生动手编写 Profile 文件,加深理解。引导学生开发编解码插件并能够进行 OceanConnect 平台的数据通信
推荐学习方式	认真完成每个任务,注重与实践的结合。重点掌握编写 Profile 文件的方法,独立进行编解码插件的开发,能够在 OceanConnect 平台上进行数据通信

任务 5.1 主流 IoT 连接管理平台调研实践

本任务通过对几个主流 IoT 连接管理平台的对比分析，突出 OceanConnect 平台在生态链构建、接入方式、集成能力、大数据分析等方面的优势，让学生对 OceanConnect 平台有进一步的了解。

5.1.1 主流 IoT 连接管理平台对比分析

目前主流的 IoT 连接管理平台主要有以下几个：

1. OceanConnect

OceanConnect 是华为公司基于物联网、云计算和大数据等技术打造的开放生态环境。OceanConnect 平台提供了 170 多种开放 API 和系列化 Agent，帮助运营商和企业/行业客户加速应用集成，简化并加速终端接入，保障网络连接，实现与上下游伙伴产品的无缝连接，同时提供面向合作伙伴的一站式服务，包括各类技术支持、营销支持和商业合作。

2. OneNET 物联网开放平台

OneNET 物联网开放平台是中国移动基于物联网产业特点打造的生态环境，可以适配各种网络环境和协议类型。OneNET 物联网开放平台基本架构如图 5-1 所示，OneNET 作为 PaaS 层，为 SaaS 层和设备层搭建连接桥梁，为设备层提供设备接入，为 SaaS 层提供应用开发能力。

OneNET 物联网开放平台的特点如下：

1）高并发应用：支撑高并发应用及终端接入，保证可靠服务；提供高达 99.9% 的 SLA 服务可用性。

2）多协议接入：支持多种行业及主流标准协议的设备接入，如 LWM2M（NB-IoT）、MQTT、Modbus、EDP、HTTP、JT\T808 以及 TCP 等；提供多种语言开发 SDK，帮助终端快速接入平台。

3）丰富的 API 接口支持：多种 API，包括设备增删改查、数据流创建、数据点上传、命令下发等；开放的 API 接口，通过简单的调用快速实现生成应用。

4）快速应用孵化：通过拖拽实现基于 OneNET 的简单应用；多种图表展示组件，降低应用开发时间。

5）数据安全存储：分布式

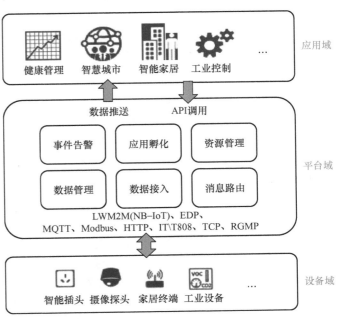

图 5-1 OneNET 物联网开放平台基本架构

结构和多重数据保障机制，提供安全的数据存储；提供传输加密，保证用户数据360°全方位安全。

3. 中国电信物联网开放平台

中国电信物联网开放平台是中国电信针对国际物联网业务所打造的物联网专业化平台，中国电信作为主导运营商，联合全球运营商合作伙伴，向企业提供从生产部署到服务变现"全生命周期"的全球物联网连接管理与自服务功能，为全球客户的物联网业务提供有效的支撑保障。

中国电信物联网开放平台主要能力如图 5-2 所示。

图 5-2　中国电信物联网开放平台主要能力

5.1.2　OceanConnect 特点与优势

OceanConnect 是华为云核心网推出的以 IoT 连接管理平台为核心的 IoT 生态圈。基于统一的 IoT 连接管理平台，通过开放 API 和系列化 Agent 实现与上下游产品的无缝连接，给客户提供端到端的高价值行业应用，比如智慧家庭、车联网、智能抄表、智能停车、平安城市等。

华为 IoT 平台的独特价值如下：

1）应用预集成的解决方案与生态链构建：以基于云化的 IoT 连接管理平台为核心，同时支持公有云和私有云部署，面向企业/行业、家庭/个人领域提供一系列的预集成应用，包括智慧家庭、车联网、公共事业、油气能源等；华为立足于构建一个与合作伙伴共赢的生态链，越来越多的应用正在加入华为物联网平台，共同构建一个智能的全连接世界，创造更大的商业价值。OceanConnect 开放架构图如图 5-3 所示。

2）接入无关（任意设备、任意网络、多协议适配）：支持无线、有线等多种网络连接方式接入，可以同时接入固定、移动（2G/3G/4G/NB-IoT）网络；丰富的协议适配能力，支持海量多样化终端设备接入；Agent 方案简化了各类终端厂家的开发，屏蔽各种复杂设备

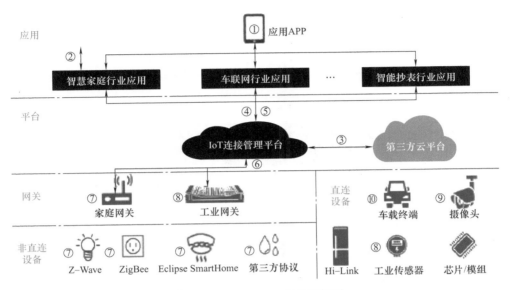

图5-3　OceanConnect 开放架构图

接口，实现终端设备的快速接入；同时华为可以提供预集成 Agent 的室内外物联网敏捷网关，真正做到给客户提供端到端的物联网基础平台，让客户聚焦于自身的业务；华为平台帮助客户实现了应用与终端的解耦合，帮助客户不再受限于私有协议对接，获得灵活的分批建设系统的自由。

3）强大的开放与集成能力：网络 API、安全 API、数据 API 三大类 API，帮助行业集成商和开发者实现强大的连接安全、数据按需获取和用户体验个性化；华为 IoT 连接管理平台的集成框架安全、可靠，可以实现与现网网元、IT 系统的快速集成；华为的生态构建支持，可以给各应用厂商提供零成本的云调试对接环境，快速体验华为 API，并完成新产品的集成。OceanConnect 开放 API 总览如图5-4 所示。

4）大数据分析与实时智能：实现了云端平台、边缘网关、智能终端的分层智能与控制；提供规则引擎等智能分析工具。

5）支持全球主流 IoT 标准：华为 IoT 连接管理平台支持全球主流 IoT 标准协议及功能实现，包括权威平台规范 oneM2M、ETSI 等。在家庭网络领域，遵循了 Z-Wave/ZigBee/Blue-Tooth/Allseen/Thread 等标准，同时华为推出了 Hi-Link 家庭网络标准。在车联网领域，遵循了 JT/T 808 等标准规范。

OceanConnect 在智能家居、车联网、智慧农业、智能停车等领域聚合了 80 多个合作伙伴，构建智能家居、车队管理、UBI、辅助驾驶、智慧农业、农机预防性维护、人员定位与危险气体检测、智能抄表、智能水务、智慧停车应用等 10 多个解决方案，集成传感器 200 多个。OceanConnect 典型应用如图5-5 所示。

5.1.3　任务实训

华为远程实验室为开发者提供了 $7 \times 24h$ 的免费的云化实验室环境，本任务让学生借助远程实验室自助管理平台，针对相关产品进行二次开发，并实现远程对接测试认证。

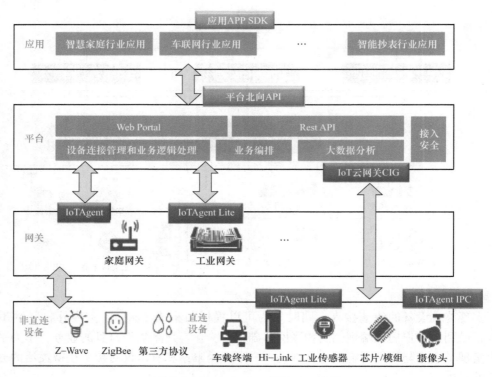

图 5-4　OceanConnect 开放 API 总览

应用层	智慧小镇门户平台							
	路灯控制平台	停车管理平台	垃圾桶监控平台	井盖监控平台	配电柜监控平台	浇灌控制平台	水位水质监测平台	环境监测平台
平台层	华为NB-IoT管理平台							
网络层	华为NB-IoT网络							
感知层	智能路灯	智能车检器	智能垃圾桶	智能井盖	智能配电柜门锁	智能草地浇灌设施	智能水位水质监测器	智能环境监测仪器

图 5-5　OceanConnect 典型应用

实训内容：注册华为账号、预约华为远程实验室平台。

具体步骤如下：

步骤 1：单击 "IoT 远程实验室" http：//esdkremotelab. huawei. com/RM/Topology？ c = f45f1c52-cf10-4a90-82fe-2f40f4666702 进入远程实验室，在环境目录页会显示 IoT 业务可预约的所有环境，预约环境如图 5-6 所示。建议使用谷歌浏览器，若没有华为开发者社区账号，请先注册一个，或者直接使用 QQ 账号登录。

图 5-6 预约环境

步骤 2：选择"OceanConnect V100R001C30SPC200"环境，单击"预约"按钮进入远程实验室详情页面。

步骤 3：在"获取账号"标签页中，逐一填写申请账号信息，单击"申请"按钮申请调测账号，如图 5-7 所示。

步骤 4：预约成功后，您的邮箱将收到一封来自远程实验室的邮件，平台对接信息如图 5-8 所示。

图 5-8 中：

1）APP ID 和密钥：开发者 Portal 应用的 APP ID 和密钥。使用北向应用登录 OceanConnect 平台时会用到。

2）应用对接地址：远程实验室环境中 OceanConnect 平台的公网 IP。

3）应用对接端口：北向应用的对接端口。

4）设备对接地址：设备对接 Ocean-Connect 平台时的 IP 地址。

5）NB 设备和 AgentLite 设备对接端口：NB 设备和 AgentLite 设备对接 Ocean-Connect 平台时的端口。

图 5-7 申请账号信息

6）平台 Portal 链接：开发者 Portal 界面的访问地址。

7）登录账号/密码：登录开发者 Portal 界面的账号/密码。

8）其他信息项可以暂时忽略。

以上信息以实际邮件提供的内容为准。

您申请的远程实验室 OceanConnect 已开通，远程实验室对接信息如下：

【平台对接信息】

应用对接信息	APP ID	mO4eurILVv22mJPGE0DLGmgvkzQa
	密钥	yXJRj6HQFh32DGJWj6VqMZmm5oMa
	应用对接地址	139.159.133.59
	应用对接端口	HTTPS: 8743
设备对接信息	设备对接地址	139.159.140.34
	NB 设备对接端口	COAP/UDP:5683
		COAP/UDP/DTLS:5684 (加密)
	AgentLite 设备对接端口	HTTPS:8943
		MQTTS/DTLS:8883 (加密)
平台Portal	NB方案平台Portal链接	http://120.157.132.134:8443
	AgentLite方案平台Portal链接	http://120.157.132.134:8480
	登录账号/密码	sbenzheng2018/sde&34=wh%

图 5-8　平台对接信息

如果您的邮箱没有收到预约邮件，或者忘记密码，可以在"获取账号"页面重新发送密码邮件，如图 5-9 所示。

介绍　开发指导　获取账号　反馈

账号信息：

您的账号信息如下，如果您不记得密码，请选择重发密码邮件。

账号用户名：　****

账号有效期：　****

重发密码邮件：

验证码：[   ] z/RPf

发送

图 5-9　获取账号

步骤 5：若您的默认浏览器为谷歌浏览器，直接单击 https：//139.159.139.219：8093（平台 Portal 链接每个人都不一样），如果是其他浏览器，请将链接复制到相应浏览器，登录页面如图 5-10 所示，若出现图 5-11 所示内容，直接关闭即可或选择继续。

图 5-10　登录页面

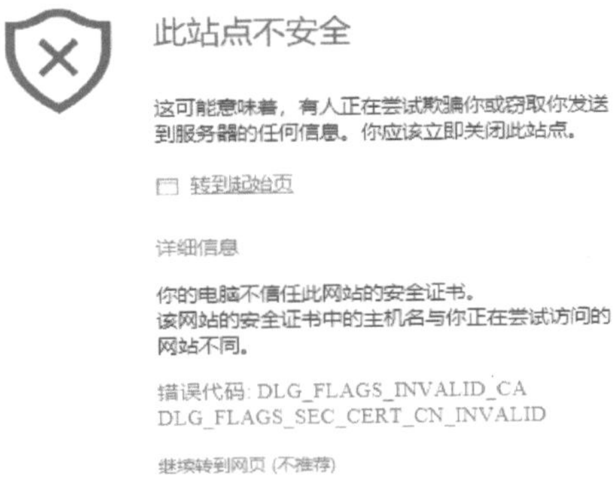

此站点不安全

这可能意味着，有人正在尝试欺骗你或窃取你发送
到服务器的任何信息。你应该立即关闭此站点。

☐ 转到起始页

详细信息

你的电脑不信任此网站的安全证书。
该网站的安全证书中的主机名与你正在尝试访问的
网站不同。

错误代码：DLG_FLAGS_INVALID_CA
DLG_FLAGS_SEC_CERT_CN_INVALID

继续转到网页 (不推荐)

图 5-11　警告

步骤 6：登录。账号和密码在预约远程实验室时收到的邮件中，如图 5-12 所示。

平台Portal	NB方案平台Portal链接	******
	AgentLite方案平台Portal链接	******
	登录账号/密码	******

图 5-12　登录信息

登录界面如图 5-13 所示。

图 5-13　登录后界面

任务 5.2　编写自己的 Profile 文件

当设备上报数据到平台后，平台会根据上报数据的关键字进行 Profile 匹配，并将数据格式与匹配上的 Profile 文件进行校验，只有匹配成功的数据才会在平台上保存。如果匹配不成功，平台会将上报的数据作为非法数据进行抛弃。

5.2.1　Profile 文件解析

设备的 Profile 文件是用来描述设备类型和设备服务能力的文件。它定义了设备具备的服务能力，每个服务具备的属性、命令以及命令的参数。Profile 文件会被上传到 IoT 平台，设备能力解析见表5-1。

表5-1 设备能力解析

1. 设备能力（Device Capability）：描述一款设备的能力特征，包括设备类型、厂商、型号、协议类型名称以及提供的服务类型。如右图：彩灯（Light Bulb）的制造厂商为 aeotec（制造商 ID 为 0086），型号为 0203-0062，协议类型为 Z-Wave	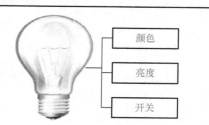
2. 服务（Service）：设备具有的某项服务（也可以理解为物理设备的功能模块或者虚拟设备提供的服务，如一个系统提供的天气预报服务），包括命令和属性 彩灯（Light Bulb）有三个服务（Service），即开关（Switch）、亮度（Brightness）、颜色（Color）；插座（Socket）有一个服务，即开关（Switch）。其中，Switch 开关服务有 ON 和 OFF 两种，当前开关状态（Status）有 ON 和 OFF 两种状态	

5.2.2 设备 Profile 规范与字段含义

可以根据使用的通信协议来编写 Profile 文件，Profile 文件服务见表5-2。

表5-2 Profile 文件服务

属　　性			命　　令		
序　号	字段名称	含义说明	序　号	字段名称	含义说明
1	Starting_mark	起始标志（1B）	1	Starting_mark	起始标志（1B）
2	Message_number	消息序列号（2B）	2	Message_number	消息序列号（2B）
3	Node_type	节点类型（1B）	3	Node_type	节点类型（1B）
4	Device_type	设备类型（1B）	4	Device_type	设备类型（1B）
5	Command_code	命令码（1B）	5	Command_code	命令码（1B）
6	Response_code	应答码（1B）	6	Response_code	应答码（1B）
7	Data_length	数据长度（1B）	7	Data_length	数据长度（1B）
8	Data	数据（可变长度）	8	Data	数据（可变长度）
9	Check_code	校验码（1B）	9	Check_code	校验码（1B）
10	End_mark	结束标志（1B）	10	End_mark	结束标志（1B）

5.2.3 设备 Profile 文件写作

Profile 文件是描述设备类型和设备服务能力的文件，定义同一类设备具备的服务能力、属性、命令等。本任务通过编写 Profile 文件，让学生了解 Profile 文件的编写方式。

设备的 Profile 文件为 json 格式。描述一款设备的能力信息，需要描述这款设备的型号识别属性和提供的服务（功能）列表，其中：

型号识别属性：设备类型、厂商、型号、协议类型。

服务列表：提供具体的功能服务说明列表。

Profile 文件写作的规范性要求如下：

（1）命名规范

对设备类型（deviceType）、服务类型（serviceType）、服务标识（serviceId）采用单词首字母大写的命名法，如 MultiSensor、Switch。

参数使用第一个单词首字母小写，其余单词的首字母大写的命名法，如 paraName、color、dataType、int。

命令使用所有字母大写，单词间用下划线连接的格式，如 DISCOVERY、CHANGE_COLOR。

设备能力描述 json 文件固定命名为 devicetype-capability. json。

服务能力描述 json 文件固定命名为 servicetype-capability. json。

需要注意，厂商、型号唯一标识一个设备类型，故这两者不能与其他设备类型同时重复，命名仅支持英文。

（2）设计规范

要注重名称的通用性，简洁性，对于服务能力描述，还要考虑其功能性。如对于多传感器设备，就可以命名为 Multi　Sensor（多传感器）；对于某设备具有显示电量的服务，就可以命名为 Battery。

将一款新设备接入到华为 IoT 平台，首先需要编写这款设备的 Profile 文件。

（1）使用已有 Profile 文件

华为 IoT 系统已经提供了一批设备的 Profile 文件（即设备模板，包括组成设备的功能服务描述列表），新增设备的类型和设备功能服务如果已经在华为提供的列表中，可以直接选择使用华为提供的设备类型和设备功能服务。

例如，接入一款检测是否漏水的 Z-Wave 传感器，可以使用华为定义的设备功能服务。Water（描述检测是否漏水）和 Battery（描述该传感器的电池电量信息）可以直接复制华为提供的模板，修改对应设备的型号识别属性和设备功能服务列表。设备型号识别属性见表5-3，设备服务列表见表5-4。

表 5-3　设备型号识别属性

属　　性	Profile 中键	属　性　值
设备类型	deviceType	Water
制造商 ID	manufacturerId	0086
制造商名称	manufacturerName	aeotec
设备型号	Model	0002-002D
协议类型	protocolType	Z-Wave

表5-4 设备功能服务列表

服务描述	服务标识（serviceId）	服务类型（serviceType）	选项（option）
检测是否漏水	Water	Water	Master
电池服务	Battery	Battery	Mandatory

　　根据上面的信息写出具体的设备 Profile 文件，其中可以对服务的定义进行实例化修改，如可以调整属性的取值范围或枚举值等。

　　（2）自定义

　　例如，接入一款检测是否漏水的 Z-Wave 传感器，该传感器有检测是否漏水功能（Water）和电池服务（Battery），而且还有测量温度服务（Temperature），假设该服务华为 IoT 平台没有提供的，则可以自定义。设备型号识别属性见表5-5，设备功能服务列表见表5-6。

表5-5 设备型号识别属性

属　　性	Profile 中键	属性值
设备类型	deviceType	Water
制造商 ID	manufacturerId	010F
制造商名称	manufacturerName	Fibargroup
设备型号	Model	0B00-3003
协议类型	protocolType	Z-Wave

表5-6 设备功能服务列表

服务描述	服务标（serviceId）	服务类型（serviceType）	选项（option）
检测是否漏水	Water	Water	Master
电池服务	Battery	Battery	Mandatory
测量温度	Temperature	Temperature	Optional

5.2.4　任务实训

　　实训内容：学生按步骤完成新增产品设备的 Profile 文件编写。

　　具体步骤如下：

　　步骤1：登录开发者 Portal，单击"Profile 开发/Profile 在线开发"，显示产品列表界面，如图 5-14 所示。

　　单击页面右上角的"自定义产品"，转至"产品模板"页面，可以使用模板定义产品，单击产品模板右上角的"立即使用"，相应的参数需要根据设备进行定义。也可单击右上角的"创建全新产品"，直接定义产品，这里以创建全新产品为例，如图 5-15 所示。

　　步骤2：在出现的界面中，根据实际填写"设备类型""设备型号""厂商 ID""厂商名称"等数据，如图 5-16 所示。

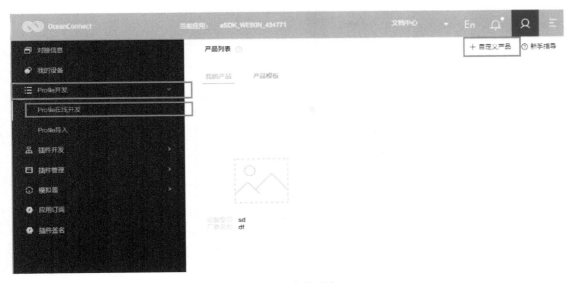

图 5-14　产品列表

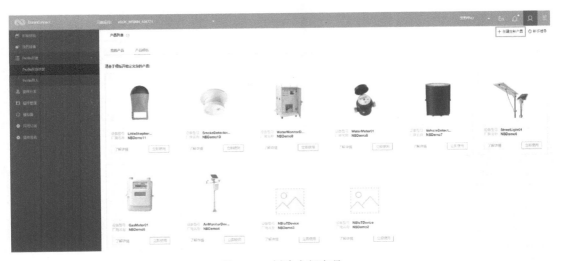

图 5-15　创建全新产品

设备类型（DeviceType）：指示设备的类型，下拉选择类型，这里以 DoorLock 为例。

设备型号（Model）：指示设备的型号，这里以 NBIoTDevice 为例。

厂商 ID（ManufacturerId）：指示设备的厂商 Id，这里以 xunfang 为例。

厂商名称（manufacturerName）：指示设备的厂商名称，这里以 xunfang 为例。

协议类型（protocolType）：指示 NB 模块通信方式，这里以 CoAP 为例。

单击"确认"按钮后，在"Profile 开发/Profile 在线开发"中产品列表"我的产品"下可以查看到刚刚新建的产品，单击产品图标进入产品详情，如图 5-17 所示。

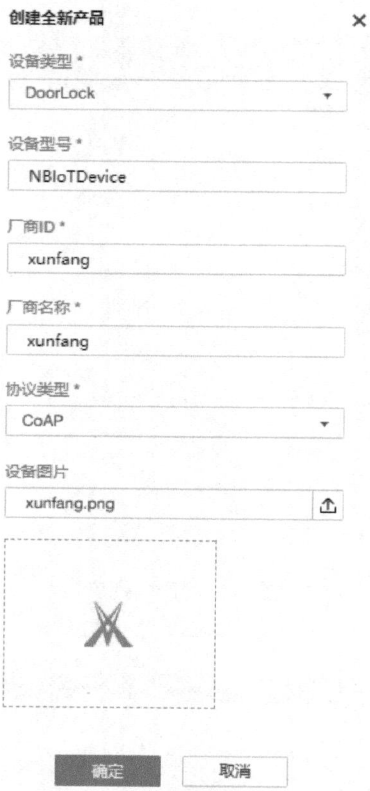

创建全新产品 ✕

设备类型 *

DoorLock ▼

设备型号 *

NBIoTDevice

厂商ID *

xunfang

厂商名称 *

xunfang

协议类型 *

CoAP ▼

设备图片

xunfang.png ⬆

确定　取消

图 5-16　填写数据

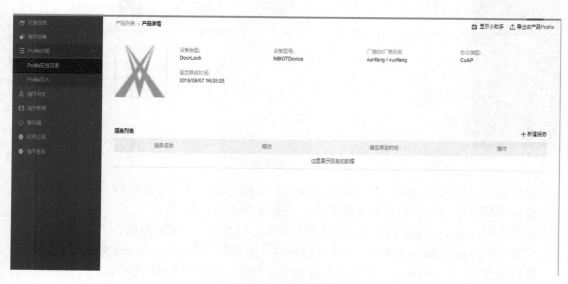

图 5-17　产品详情

在产品详情页面单击"新建服务",根据界面提示信息,增加基本信息、属性或命令,单击"保存"。

本任务添加一个属性和一个命令，其中服务用于解析上传的数据，命令用于解析下发命令的数据组包。新增服务基本信息如图 5-18 所示。

图 5-18　新增服务基本信息

名称（propertyName）：指示属性名称，这里以 Starting_mark 为例。

数据类型（dataType）：指示数据类型。取值类型为 int、float、datetime、string、jsonObject、array。这里以 int 类型为例。

上报数据时，复杂类型数据格式如下：

DateTime：yyyyMMdd'T'HHmmss'Z'

jsonObject：自定义 json 结构体，平台不理解只透传。

最小值（min）/最大值（max）：指示最小值/最大值。仅当 dataType 为 int、float 时生效，逻辑为大于等于/小于等于。

步长（step）：指示步长。暂不使用，填 0 即可。

单位（unit）：指示单位，英文，取值根据参数确定，如温度单位："℃"；百分比单位："%"。

访问模式（method）：指示访问模式。R 表示属性值可读；W 表示属性值可写；E 表示属性值更改时上报事件。取值类型为：R、RW、RE、RWE、null。

根据协议添加的属性如图 5-19 所示。

属性							+ 新增属性
◇ Starting_mark	属性类型 int	取值范围 0 ~ 255	步长 -	单位 -	访问模式 RW	是否必选: ☐	✎ 🗑
◇ Message_number	属性类型 int	取值范围 0 ~ 20000	步长 -	单位 -	访问模式 RW	是否必选: ☐	✎ 🗑
◇ Node_type	属性类型 int	取值范围 0 ~ 255	步长 -	单位 -	访问模式 RW	是否必选: ☐	✎ 🗑
◇ Device_type	属性类型 int	取值范围 0 ~ 255	步长 -	单位 -	访问模式 RW	是否必选: ☐	✎ 🗑
◇ Command_code	属性类型 int	取值范围 0 ~ 255	步长 -	单位 -	访问模式 RW	是否必选: ☐	✎ 🗑
◇ Response_code	属性类型 int	取值范围 0 ~ 255	步长 -	单位 -	访问模式 RW	是否必选: ☐	✎ 🗑
◇ Data_length	属性类型 int	取值范围 0 ~ 255	步长 -	单位 -	访问模式 RW	是否必选: ☐	✎ 🗑
◇ Data	属性类型 string	长度 255	枚举值		访问模式 RW	是否必选: ☐	✎ 🗑
◇ Check_code	属性类型 int	取值范围 0 ~ 255	步长 -	单位 -	访问模式 RW	是否必选: ☐	✎ 🗑
◇ End_mark	属性类型 int	取值范围 0 ~ 255	步长 -	单位 -	访问模式 RW	是否必选: ☐	✎ 🗑

图 5-19　添加属性

新增命令如下：

命令名称：指示设备可以执行的命令，如门磁的 Lock 命令、摄像头的 VIDEO_RECORD 命令。这里以 Cmd 为例，如图 5-20 所示。

命令名称与参数共同构成一个完整的命令，新增字段如图 5-21 所示。

图 5-20　新增命令　　　　　　　　　　图 5-21　新增字段

命令如图 5-22 所示，发现命令和服务基本上都是一样的，因为上传数据和下发数据都是遵循同一套协议，所以本质上命令和服务是一样的。

∧ ∨ Cmd						
命令下发字段						+ 新增命令下发字段
Starting_mark	属性类型 int	取值范围 0 ~ 255	步长 -	单位 -	是否必选: ☐	✎ 🗑
Message_number	属性类型 int	取值范围 0 ~ 20000	步长 -	单位 -	是否必选: ☐	✎ 🗑
Node_type	属性类型 int	取值范围 0 ~ 255	步长 -	单位 -	是否必选: ☐	✎ 🗑
Device_type	属性类型 int	取值范围 0 ~ 255	步长 -	单位 -	是否必选: ☐	✎ 🗑
Command_code	属性类型 int	取值范围 0 ~ 255	步长 -	单位 -	是否必选: ☐	✎ 🗑
Response_code	属性类型 int	取值范围 0 ~ 255	步长 -	单位 -	是否必选: ☐	✎ 🗑
Data_length	属性类型 int	取值范围 0 ~ 255	步长 -	单位 -	是否必选: ☐	✎ 🗑
Check_code	属性类型 int	取值范围 0 ~ 255	步长 -	单位 -	是否必选: ☐	✎ 🗑
End_mark	属性类型 int	取值范围 0 ~ 255	步长 -	单位 -	是否必选: ☐	✎ 🗑
Data	属性类型 string	长度 255	枚举值		是否必选: ☐	✎ 🗑

图 5-22　命令

步骤3：单击产品详情右上角的"导出该产品 Profile"，可以直接生成 Profile 文件并把文件导出至本地某个位置，如图5-23所示。

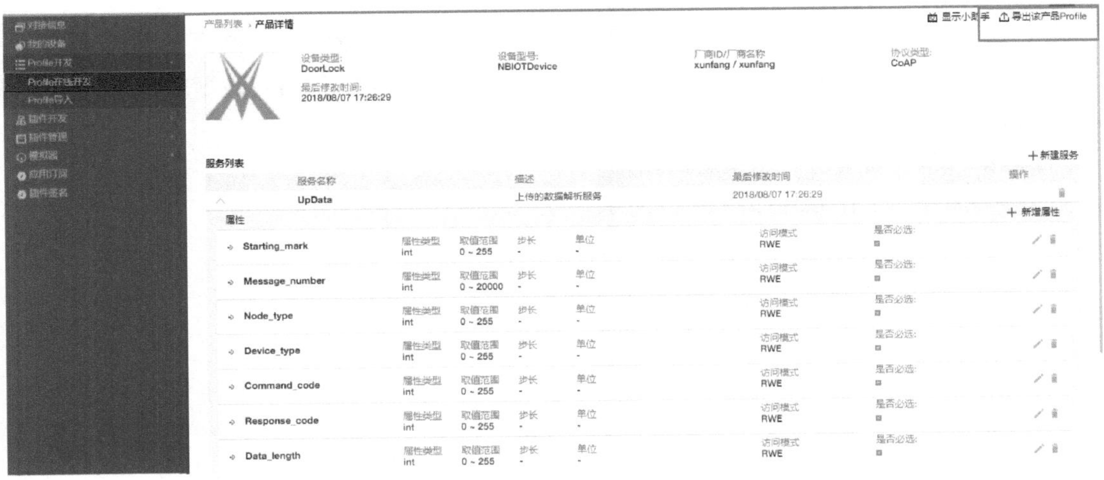

图 5-23 导出该产品 Profile

说明：若是线下编写的 Profile 文件，则单击"Profile 开发/导入 Profile"，可把已写好的 Profile 文件导入平台，如图5-24所示。

图 5-24 文件导入

任务 5.3 动手开发编解码插件

上一个任务是编写 Profile 文件，本节任务引导学生动手开发编解码插件。通过本节任务的学习，一是让学生了解编解码插件的工作原理，二是可以增强学生开发编解码插件的能力。

5.3.1 实例编解码插件讲解

NB-IoT 设备和 IoT 平台之间采用 CoAP 协议通信（注：在设备侧，CoAP 协议栈一般由 NB-IoT 芯片模组实现），CoAP 消息的有效载荷为应用层数据，应用层数据的格式由设备自行定义。由于 NB-IoT 设备一般对省电要求较高，所以应用层数据一般不采用流行的 json 格式，而是采用二进制格式或者 tlv 格式。

应用层数据在 IoT 连接管理平台做协议解析时，会转换成统一的 json 格式，以方便应用服务器调用。要实现二进制消息转换成 json 格式的功能，IoT 连接管理平台需要使用编解码插件。

编解码插件的作用：

1）将设备上报上来的消息（上行数据）转为 Profile 文件格式的数据。

2）将厂商应用服务器下发的命令（下行数据）从 Profile 文件格式数据转为下发给设备的消息格式。

注意：一款设备对应一个编解码插件。

编解码插件的工作原理如图 5-25 所示。

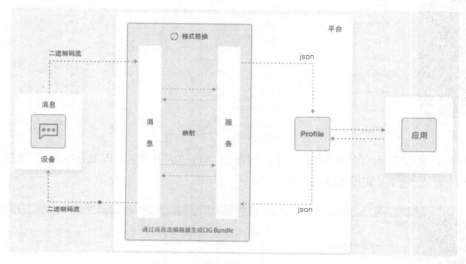

图 5-25　编解码插件的工作原理

开发完 Profile 文件后，可以在界面上通过图形化的方式完成设备与平台之间的消息映射。在平台中预集成了编解码插件的模板，可以根据设备类型和接入协议在插件模板中选择模板修改开发编解码插件。

登录开发者 Portal，单击"插件开发"，单击右上角的"新建插件"，转到"插件模板"标签页，单击"查看"，可以查看各个模板的内容，如图 5-26 所示。若业务和模板类似，可使用模板再根据实际来修改。若不需要使用模板，则可自己新建插件。

图 5-26　插件开发

下面以新建插件来说明如何开发编解码插件。

步骤1：新建插件。单击页面右上角的"新建插件"，进入设计插件页面。说明：可以单击右上角的"新手指导"，查看插件的实现原理，如图5-27所示。

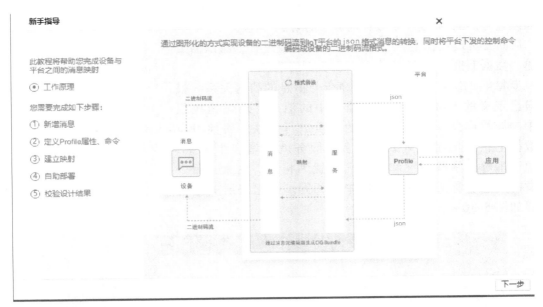

图5-27 新手指导

步骤2：新增消息。单击"新增消息"，输入消息名，这里以"cmd"为例，消息描述任意，消息类型为"命令下发"，如图5-28所示。

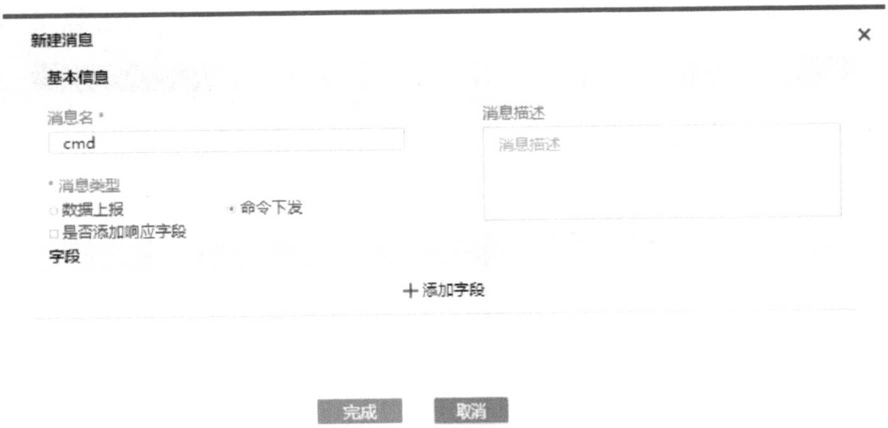

图5-28 新建消息

步骤3：添加字段。单击"添加字段"，添加上报数据的字段，如图5-29所示。

名字：建议和Profile文件中设置的保持一致，便于和Profile文件中的字段进行对应。数据类型包括int8u、int16u、int24u、int32u、string、variablelength string、array、variant，选择与Profile文件中相对应的数据类型。

　　长度：指示该字段占多少字节长度。若长度为1，则在上报码流时，这个字段占一位，即一个十六进制的数值。

　　默认值：该字段在码流中的参考值。

　　偏移值：当前字段到本条消息码流起始位置的字节数，比如设置为2-3，则这个字段在码流中的第2、3位。

　　后面要实现数据上报、命令下发的完整过程，所以需要创建"数据上报""命令下发"两种类型的消息。

　　步骤4：建立Profile属性、命令与消息的映射关系。根据自己定义的Profile，来设计插件中的消息。通过拖拉服务中的属性或命令，与消息中的字段进行关联。属性对应于数据上报中的字段列表。有多个服务就新增多个消息。为便于理解，字段名称和属性名设置为相同。注意，命令下发的消息名称必须和Profile中的相同。建立映射关系的步骤如图5-30～图5-32所示。

图5-29　添加字段

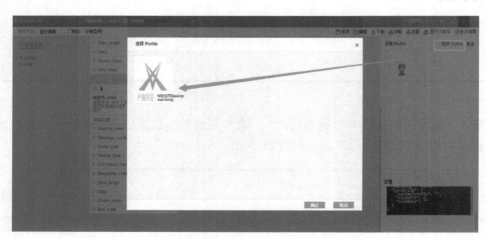

图5-30　映射关系1

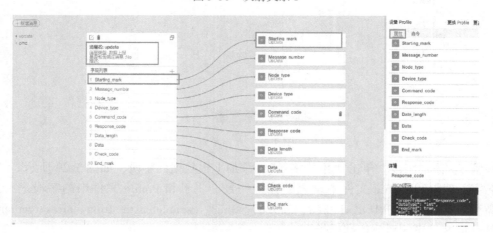

图5-31　映射关系2

图 5-32 映射关系 3

步骤5：完成映射关系后，单击页面右上角的"部署"，部署成功后，系统会将设计结果自动生成编解码插件包，并弹出部署提示框，如图 5-33 所示。

开发部署成功后，设备就可以接入到 IoT 平台。

步骤6：登录开发者 Portal，单击"我的设备"，进入设备列表页面。单击"注册设备"，如图 5-34 所示。

图 5-33 部署

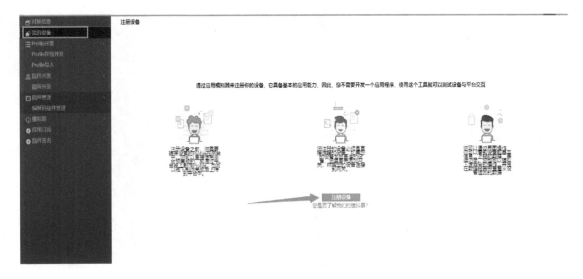

图 5-34 我的设备

转向注册设备页面，选择需要注册设备的 Profile 文件，如图 5-35 所示。这样就表示注册的设备使用哪个 Profile 文件来解析数据。

图 5-35　选择 Profile 文件

步骤 7：单击 Profile 文件，进入 Profile 详情页面，在页面底部填写设备名称和验证码，这里的设备名称可以自己取，验证码为模块上的 IMEI 号或者通过 AT + CGSN = 1 获取（通常为 8687 开头），单击"注册"，完成设备的注册，如图 5-36 所示。

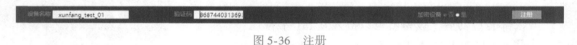

图 5-36　注册

注册成功后，平台会返回一个设备 ID，如图 5-37 所示。一个 IMEI 只能在华为平台注册一次。

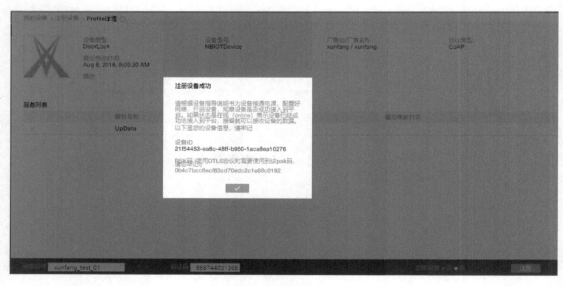

图 5-37　设备 ID

进入"我的设备"，可以看到有一个未绑定的设备，如图 5-38 所示。

图 5-38　未绑定的设备

5.3.2　编解码插件编写

编解码插件实现二进制消息转 json 格式的功能。Profile 文件定义了该 json 格式的具体内容，因此，编解码插件开发前需要先编写设备的 Profile 文件。

1. 导入编解码插件 DEMO 工程

打开文档"华为 IoT 平台编解码库开发与升级指南"，双击"实现样例附件"章节的"codecDemo. zip"附件，解压到本地。导入 DEMO 工程的步骤分别如图 5-39~图 5-41 所示。

在"Project Explorer"中右击，在弹出的菜单中单击"Import"，如图 5-39 所示。

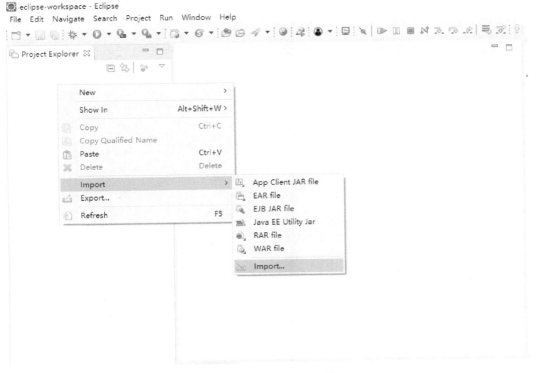

图 5-39　导入 DEMO 工程 1

选择"Maven",双击"Existing Maven Projects",然后单击"next"。

图 5-40 导入 DEMO 工程 2

选择刚才解压的工程,单击"Finish"按钮,导入工程结束。

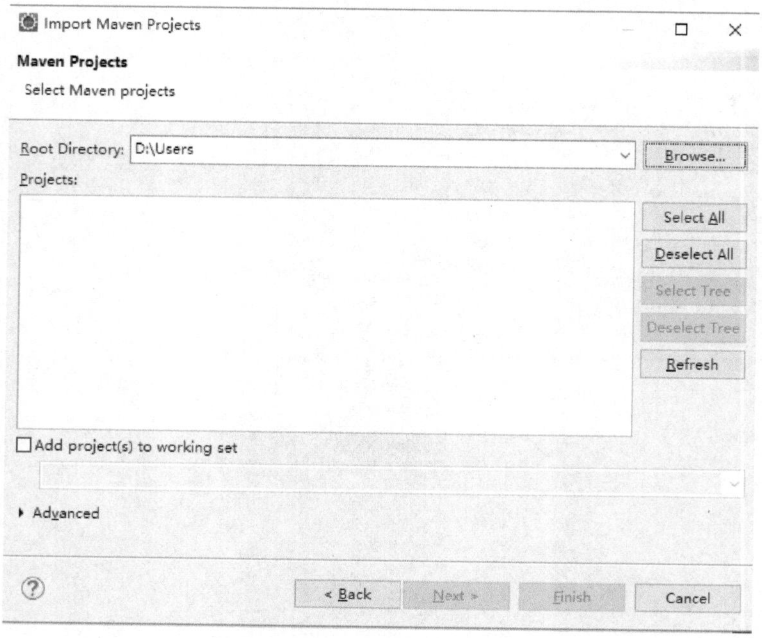

图 5-41 导入 DEMO 工程 3

2. 开发插件

编解码插件 DEMO 的 Maven 工程架构可以不必修改，根据"华为 IoT 平台编解码库开发与升级指南"和 Profile 文件的定义，对 DEMO 进行修改即可。工程代码修改完成后，DEMO 工程的 ProtocolServiceImplTest. java 提供了四个应用案例，根据实际情况对应用案例方法的入参（如设备上报数据的码流、下发命令的 json 结构体等）进行修改。应用案例可以按如下步骤执行：执行 DEMO 工程中的应用案例，如图 5-42 所示，右击工程，选择"Run As/JUnit Test"。

图 5-42　执行 DEMO 工程中的应用案例

根据"华为 IoT 平台编解码库开发与升级指南"进行打包。

3. 使用插件包本地检测工具

本地检测工具用于检测编解码插件的合法性。

1）工具下载。下载链接为：https：//support. huaweicloud. com/devg-IoT/iot_02_4025. html。

2）文件准备。将检测工具 pluginDetector. jar、Profile 文件、devicetype-capability. json 和需要测试的编解码软件包 package. zip 放在同一个目录下，如图 5-43 所示。

图 5-43　文件准备

3）检测。检测工具实现了数据上报、控制命令下发和命令执行结果上报三种情况的检测。

4）数据上报。

5）获取终端设备数据上报的码流。

6）切换到检测工具的"data reporte"标签页，将码流以十六进制格式输入，例如终端上报的码流为 AA72000032088D0320623399。

7）单击检测工具的"start detect"按钮即可查看解码后的 json 数据。日志文本框会打印解码数据，若提示"report data is success"，表示解码成功，如图 5-44 所示；当出现红色字体的 ERROR 错误时，如图 5-45 所示，表示解码出现错误，具体错误说明请参看"NB-IoT 编解码插件检测工具使用说明"。

8）当解码成功后，检测工具会继续调用插件包的 encode 方法，对设备的应答消息进行编码。当出现"encode ack result success"时，表示对设备的应答消息编码成功。

9）控制命令下发。

10）控制命令是由 APP server 调用"创建设备命令 V4"下发的。

11）单击"start detect"，检测工具会调用 encode 接口对控制命令进行编码，当出现"encode cmd result success"时表示对命令编码成功，如图 5-46 所示。当出现"ERROR"错误时，具体错误说明请参看"NB-IoT 编解码插件检测工具使用说明"。

12）命令执行结果上报。

13）获取终端设备命令执行结果上报的码流。

14）切换到 data reporte 标签页，将码流以十六进制格式输入，例如终端上报命令执行结果的码流为 AA7201000107E0，则填入 AA7201000107E0。

15）单击"start detect"即可查看解码后的 json 数据。当打印解码数据并提

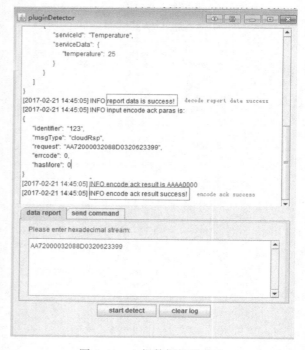

图 5-44　上报数据解码成功

示"report command result success"时，表示解码成功，如图 5-47 所示；当出现红色字体的 ERROR 错误时，表示解码出现错误，具体错误说明请参看"NB-IoT 编解码插件检测工具使用说明"。

4. 插件包离线签名

该项内容具体参照任务实训。

5.3.3　任务实训

实训内容：当编解码插件开发完后，在安装到平台之前，需要先对插件包进行签名。按照以下步骤对插件进行签名操作。

图 5-45 上报数据解码失败

图 5-46 编码控制命令下发成功

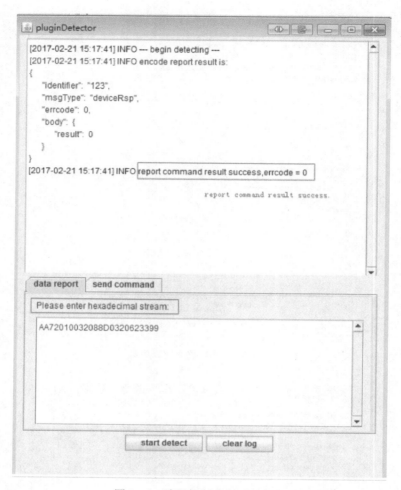

图 5-47　编码控制命令下发成功

步骤 1：使用浏览器登录 SP Portal。

步骤 2：下载离线签名工具。

1）单击左侧图标 ，打开管理页面。

2）单击左侧导航栏"工具"，在右侧区域单击"下载"，下载离线签名工具。

步骤 3：在下载路径找到压缩包"signtool. zip"，在右键菜单中选择"Extract to signtool \ "，将压缩包解压缩至文件夹"signtool"。

步骤 4：进入 signtool 文件夹，运行"signtool. exe"。操作界面如图 5-48 所示。

步骤 5：生成数字签名公私密钥。

根据实际情况选择签名算法。目前提供两种签名算法：ECDSA_256K1 + SHA256 和 RSA2048 + SHA256。

1）设置"私钥加密口令"。口令复杂度说明如下：

① 口令长度至少为 6 个字符。

② 口令必须至少包含以下四种字符中的两种字符的组合：

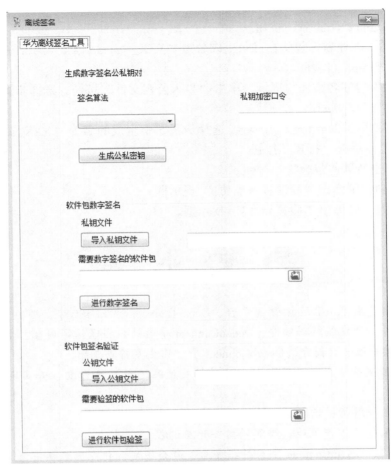

图 5-48　离线签名工具操作界面

a. 至少一个小写字母。

b. 至少一个大写字母。

c. 至少一个数字。

d. 至少一个特殊字符：` ~ ！@ #　% ^ & * ( ) - _ = + \ | 〔{ }〕；：´" , < . > / ？空格。

2）单击"生成公私密钥"按钮，在弹出的窗口中选择需要保存的目录，单击"确定"按钮。可在保存的目录下查看生成的公私密钥文件。

① 公钥文件：public. pem。

② 私钥文件：private. pem。

步骤6：对软件包进行数字签名。

1）在"软件包数字签名"区域，单击"导入私钥文件"，选择步骤5中生成的私钥文件，单击"打开"按钮。

2）在弹出的对话框中，输入步骤5中设置的口令，单击"确定"按钮。

3）在"需要数字签名的软件包"区域，选择需要进行数字签名的软件包，单击"打开"按钮。

4）单击"进行数字签名"按钮。

签名成功后，在原软件包所在目录生成名为"XXX_signed. XXX"的带签名的软件包。

步骤7：软件包签名验证。

1）在"软件包签名验证"区域，单击"导入公钥文件"按钮，选择步骤5中生成的公钥文件，单击"打开"按钮。

2）在"需要验签的软件包"区域，选择步骤5中生成的名为"XXX_signed. XXX"的带签名的软件包，单击"打开"按钮。

3）单击"进行软件包验签"按钮。

① 验证成功，则弹出"验证签名成功！"提示框。

② 验证失败，则弹出"验签异常！"提示框。

项　目　小　结

本项目介绍了主流IoT连接管理平台、OceanConnect特点与优势、搭建远程实验环境、编写Profile文件、开发编解码插件、OceanConnect平台的数据通信等内容，主要包括：

1. IoT连接管理平台简介、OceanConnect平台的主要特点介绍。

2. 借助远程实验室自助管理平台，针对相关产品进行二次开发，并实现远程对接测试认证。

3. Profile文件解析；设备Profile规范、字段含义、文件写作。

4. 编解码插件的工作原理、编解码插件开发过程。

5. 数据上报、OceanConnect平台数据查看、命令下发、传感器数据采集。

 思考题与习题

一、思考题

1. 什么IoT连接管理平台？比较有代表性的平台有哪些？

2. 华为OceanConnect平台的特点和优势是什么？

3. 设备Profile文件的定义是什么？OceanConnect生态系统中，Profile起到什么作用？

4. 编解码插件的作用是什么？

5. OceanConnect平台如何进行数据的上报和命令的下发？

二、选择题

1. 下列哪个不是目前国内主流的IoT连接管理平台？（　　　）

A. 中国电信物联网开放平台

B. 华为OceanConnect平台

C. 中国移动OneNet平台

D. 爱立信IoT平台

2. 在 Profile 文件中，以下哪个字段名称的含义是错误的？（　　）

A. 字段名称：Starting_mark，含义说明：起始标志（1B）

B. 字段名称：Message_number，含义说明：消息序列号（2B）

C. 字段名称：Node_type，含义说明：节点类型（1B）

D. 字段名称：Device_type，含义说明：软件类型（1B）

3. 下列哪一项，不属于 OceanConnect 平台在家庭网络领域遵循的标准？（　　）

A. ZigBee　　　　B. BlueTooth　　　　C. Thread　　　　D. JT/T 808

4. OceanConnect 生态系统从应用、（　　）两个层次打造全方位开放能力。

A. 物理　　　　B. 设备　　　　C. 链路　　　　D. 通信

三、填空题

1. 基于统一的 IoT 连接管理平台，通过开放 API 和系列化 Agent 实现与上下游产品的无缝连接，给客户提供端到端的高价值行业应用，比如_____、_____、_____、_____、平安城市等。

2. _____、_____、_____三大类 API，帮助行业集成商和开发者实现强大的连接安全、数据的按需获取和个性化的用户体验。

3. OceanConnect 大数据分析与实时智能，实现了_____、_____、_____的分层智能与控制。

4. 由于 NB-IoT 设备一般对省电要求较高，所以应用层数据一般不采用流行的_____格式，而是采用二进制格式或者_____格式。

5. 在 OceanConnect 生态系统中，Profile 是一个设备的关键内容，里面包含了这个设备上报的_____。

6. 在完成_____→_____→_____→_____这四个步骤之后，就可以管理华为 OceanConnect 平台了。

四、综合实践

1. 结合所学内容，自己选择一项产品，按步骤完成新增产品设备的 Profile 文件编写。

2. 通过 NB-IoT 节点发送数据给 OceanConnect 平台并判断数据是否正确；通过 Portal 中心下发控制命令，并检验 Profile 文件以及编解码插件中命令下发数据是否编写正确。

项目6　共享单车车锁设计

　　本项目通过共享单车车锁的设计操作，让学生亲身实践 NB-IoT 的实际应用，加深学生对 NB-IoT 应用技术的理解。采用项目任务式的组织方式，从系统到局部，由认知到实践，分步教学。首先是认知体验，建立起学生对共享单车的概念。接着引导学生进行业务规划设计，从系统层面规划出共享单车功能。接着针对功能需求进行系统实现设计，涉及硬件、嵌入式软件及第三方平台对接操作等。通过整个项目的实践，学生可以在任务中学习 NB-IoT 技术的应用。

知识目标	1. 共享单车的行业发展状况与特点 2. 共享单车工作的业务流程 3. NB-IoT 在共享单车中的应用环节 4. 共享单车的硬件系统组成 5. 共享单车嵌入式软件系统的框架 6. 共享单车与第三方平台对接的流程
能力目标	1. 共享单车系统设计 2. 实现共享单车数据与第三方平台的对接 3. 第三方平台命令的解析
重点、难点	1. 共享单车的业务流程 2. 第三方平台对接的嵌入式代码
推荐教学方式	了解共享单车现状，体验共享单车，便于学生认知。流程图要引导学生动手绘制，加深理解。引导学生对重要源码进行分析，理解其中的设计原理
推荐学习方式	认真完成每个任务，注重与实践的结合。业务流程图和系统设计框图要自己亲自动手去绘制和思考，第三方平台的数据查看和设备控制要自己去操作，理解数据的流向

任务 6.1 共享单车应用认知体验

本任务旨在让学生更好地理解共享单车，为后续的共享单车的系统设计奠定基础，引导学生去了解共享单车、熟悉共享单车的工作模式，并让学生实际去体验共享单车场景。

6.1.1 共享单车抢先看

共享单车为企业在校园、地铁站点、公交站点、居民区、商业区、公共服务区等场所提供自行车单车共享服务，是一种分时租赁模式。共享单车是共享经济下的产物，如图 6-1 所示。

图 6-1 共享单车

共享单车改变了很多人的出行方式，环保、经济、便捷。城市原有的自行车通常是有桩自行车，由政府主导和管理，市民办证不方便，而且必须停放在指定位置，体验较差。而共享单车则是采用无桩形式，可实现随停随取，有效地解决了最后一公里的出行难题。

2016 年年底以来，国内共享单车开始盛行，共享单车近乎"泛滥"，各大城市路边排满了各种颜色的共享单车，共享单车的品牌雨后春笋般地冒了出来。

目前全世界城市都在向绿色转行，纽约、伦敦、东京、上海等都在推动绿色经济的发展。2017 年 5 月，中国自行车协会共享单车专业委员会成立；同年 8 月，交通运输部等 10 部门联合发布《关于鼓励和规范互联网租赁自行车发展的指导意见》，2017 年 11 月，中国通信工业协会发布《基于物联网的共享自行车应用系统总体技术要求》。随着政府部门和各行业协会的积极介入，共享单车正在朝着良性、规范化发展。

6.1.2 共享单车体验流程

共享单车体验流程如图 6-2 所示。

1）APP 下载与安装：一般而言，使用不同品牌的共享单车需要使用商家对应的软件。因此，首先要下载相应的 APP。

2）注册与登录：注册的目的在于鉴权及后续的计费操作。登录后界面如图 6-3 所示。

3）充值：在使用前需进行充值操作，否则会出现客户不支付的情况。

4）扫码开锁：扫码界面如图 6-4 所示，通过扫描车身的二维码获得单车的 ID 号，后台识别成功后，通过蓝牙或 NB-IoT 发送开锁命令。

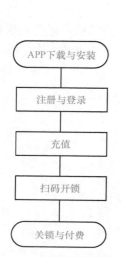

图 6-2　共享单车体验流程　　　　图 6-3　共享单车 APP 登录后界面　　　　图 6-4　扫码界面

5）关锁与付费：当用户骑行完毕，手动关闭车锁后，关锁信息将会返回到后台，后台进行结算操作，后台结算页面如图 6-5 所示。当用户付费后，整个骑行结束。

骑行数据

时间：请选择月份　　车辆编号：请输入车辆编号　　　　　　　　　　查询

车辆编号	时间	骑行时长	骑行距离	费用	开锁次数	报修	查看
868744035843840-001	2018-10-28	0小时16分钟	20	1	暂时不展示（TODO）	无	详情
868744035843840-001	2018-10-27	0小时3分钟	20	1	暂时不展示（TODO）	无	详情
868744035860257-002	2018-10-26	5小时30分钟	20	11	暂时不展示（TODO）	无	详情
868744034052492-001	2018-09-19	18小时11分钟	100	37	暂时不展示（TODO）	无	详情
868744034052492-002	2018-08-17	0小时30分钟	1	1	暂时不展示（TODO）	有	详情
868744034052492-001	2018-08-14	0小时52分钟	2	1	暂时不展示（TODO）	有	详情
868744034052492-002	2018-08-05	1小时0分钟	2	1	暂时不展示（TODO）	无	详情

1　共 7 条记录

图 6-5　后台结算页面

6.1.3　任务实训

实训内容：按照体验共享单车的基本流程，安装相应软件和操作设备，体验各个环节。具体步骤如下：

步骤1：用户可以扫描图6-6中的二维码下载共享单车APP，并完成安装。

步骤2：打开APP，按照提示进行用户注册操作。首次使用时会提出进行充值操作，用户可以使用附赠的充值卡进行充值操作。

步骤3：单击扫码用车，扫描单车锁体上的二维码，若未连接蓝牙会提示连接蓝牙操作。扫描成功后，单击开锁命令，可观察到锁体打开，共享单车车锁如图6-7所示。

图6-6　共享单车图标

图6-7　共享单车车锁

步骤4：将锁移动一段距离，手动关闭单车车锁。关锁成功后，会提示进行结算操作，单击付费后，结束整个共享单车的体验操作。

任务6.2　共享单车系统架构设计

本任务在学生了解共享单车的基础上，引导学生进行共享单车设计，按照项目式的教学方式，分层次进行设计。学生首先进行共享单车业务的顶层规划，规划出共享单车的功能。接着，设计满足业务需求的系统实现方案。

6.2.1　共享单车业务规划实践

从角色分配的角度，共享单车主要有单车、手机APP（用户终端）与后台三个角色。整个共享单车的业务分为基本信息处理业务与用户操作业务，根据前面的操作体验并结合实际，可归纳出基本信息处理部分的业务流程，如图6-8所示。

1）当首次打开APP时，如果需使用共享单车，必须进行用户注册，注册信息包括填写用户名、密码以及密保信息。密保信息用于当用户忘记自己的用户名和密码时进行找回操作。

2）当用户填写完所有信息后进行注册，将用户信息发送至后台，后台将信息存储至数据库中，并将注册结果返回给用户。

3）注册完成后，用户可进行登录操作。由于需要进行共享单车的定位，方便后期管理，因此登录后会通过手机获取用户的地理位置信息。

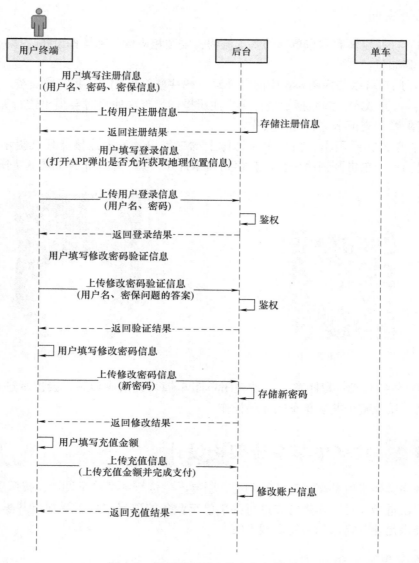

图6-8　共享单车基本信息业务流程

4）当用户进行用车时，会提示用户进行充值操作。当用户填写完充值金额时，充值信息会上传至后台，后台将充值信息存入数据库，返回充值结果。

用户操作主要是用户从扫码开锁到完成骑行并付费的整个过程。其业务流程如图6-9所示。

1）用户登录后进行扫码开锁操作，后台进行鉴权。若鉴权成功，则执行开锁操作，若未开启蓝牙，会提示先开启蓝牙。

2）用户共有两种开锁方式可以选择，一是通过开启蓝牙的方式，移动端APP通过蓝牙向单车锁发送开锁命令；二是直接开锁的方式，移动端APP向后台发送开锁请求，后台接收请求后通过NB-IoT下发开锁命令。

3）当用户关闭车锁后，将关锁信息返回到后台，后台进行计费，并将计费结果返回用户确认。确定支付信息后，结束骑行。

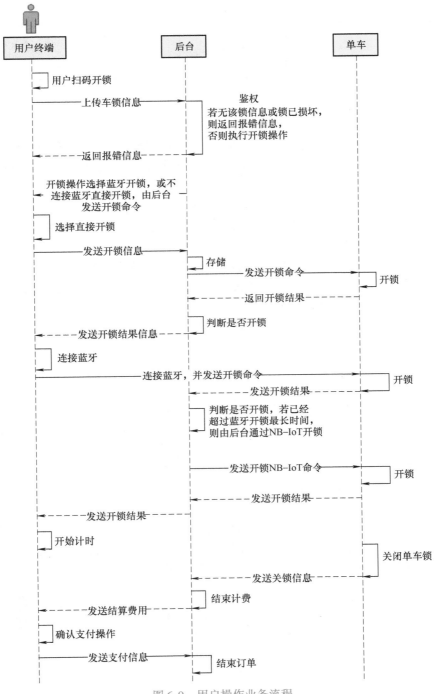

图 6-9　用户操作业务流程

6.2.2　共享单车系统方案设计

通过规划共享单车的业务流程，可以总结出基于 NB-IoT 的共享单车网络架构，如图 6-10 所示。

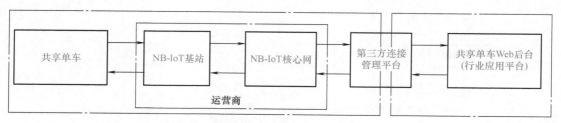

图 6-10　基于 NB-IoT 的共享单车网络架构图

1）共享单车：包括机械结构、硬件与嵌入式软件部分。硬件需要实现的功能有控制车锁、电量检测，与蓝牙、NB-IoT 基站进行通信，同时搭载轻量级操作系统 LiteOS 用任务调度、设备管理等。

2）NB-IoT 基站与核心网：共享单车需要定期上传状态信息至后台，同时接收后台的直接开锁命令。采用低功耗的 NB-IoT 需要依附基站与核心网的处理，该部分由运营商提供，只需购买 SIM 卡获取服务即可。

3）第三方连接管理平台：物联网领域具有协议多、数量大的特点，第三方连接管理平台能够适配不同的协议，可以简化终端接入，保障网络连接。华为 OceanConnect IoT 平台提供了众多的 API，可加速应用的上线，实现与上下游产品的无缝连接。

4）共享单车 Web 后台：Web 后台主要进行用户信息管理、单车行驶计费、车辆统计、向移动端 APP 推送消息等。

6.2.3　任务实训

实训内容：绘制共享单车系统中车锁、后台、移动端 APP 三者之间的数据交互关系图。

具体步骤如下：

步骤 1：理清车锁与后台之间的关系，车锁需要向后台发送状态信息，后台需要向车锁发送控制命令，如图 6-11 所示。

图 6-11　车锁与后台

步骤 2：理清车锁与移动端 APP 之间的关系，APP 通过蓝牙向车锁发送控制命令，同时车锁返回状态信息，如图 6-12 所示。

步骤 3：综上可绘制出三者的数据交互关系图，如图 6-13 所示。

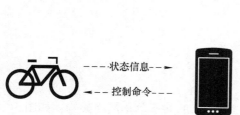

图 6-12　车锁与移动端 APP

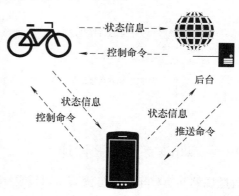

图 6-13　车锁、后台与移动端 APP 数据交互关系图

任务6.3　共享单车硬件系统设计与搭建

通过任务6.1，我们建立起了共享单车的基本概念，并对共享单车应用场景有了基本的认识。在理解共享单车应用场景的基础上，通过任务6.2，我们梳理了共享单车应用的业务流程，并从系统层面设计了共享单车的顶层实现方案。本任务主要涉及共享单车的硬件实现部分，主要进行共享单车硬件的设计、分析与组装操作。

6.3.1　共享单车硬件系统设计

通过共享单车的体验与实际生活观察，可总结出共享单车硬件的主要组成部分，共享单车硬件系统架构如图6-14所示。

核心主控：是共享单车的核心，负责数据采集、与其他平台的通信等。

电源系统：整个系统的动力来源，共享单车采用电池供电的形式，满足实际应用移动化需求。同时可以根据实际，配备电池充电或太阳能充电电路。

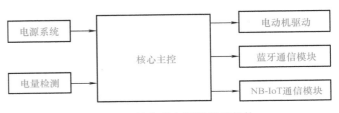

图6-14　共享单车硬件系统架构

电量检测：采用电池供电需实时监测电池用电情况，方便后期的维护。

电动机驱动：电动机驱动电路主要用来打开车锁锁体，电动机采用直流电动机，因此需设计直流电动机驱动电路。

蓝牙通信模块：在通常情况下，主要通过手机等移动端进行扫码开锁操作，需与单车间建立通信。蓝牙是手机的标配，且具有低功耗和连接稳定的特点。

NB-IoT通信模块：NB-IoT具有低功耗、广覆盖的特点，特别适合共享单车上传状态数据，及在蓝牙通信故障的情况下执行开锁操作。

6.3.2　共享单车硬件分析与搭建

本任务进行硬件模块的选型与分析操作，教会学生共享单车的基本模块电路，在此基础上搭建共享单车的硬件系统。

（1）核心模块电路

共享单车核心主控采用STM32F411VE，采用标准的LQPF100封装，基于STM32F411VE的核心模块如图6-15所示。

基于STM32F411VE的核心模块电路包括晶振电路、复位电路和ADC参考电压电路。STM32F411VE共有两种晶振，即8MHz高频晶振和32.768kHz时钟晶振。

（2）NB-IoT通信模块

随着国家和国内三大运营商对NB-IoT的大力推广，各大公司也积极地在NB-IoT领域布局，相继推出了自己的NB-IoT芯片与模组。我们选择基于华为海思Boudica 120芯片的通信模组BC95-B5，如图6-16所示。

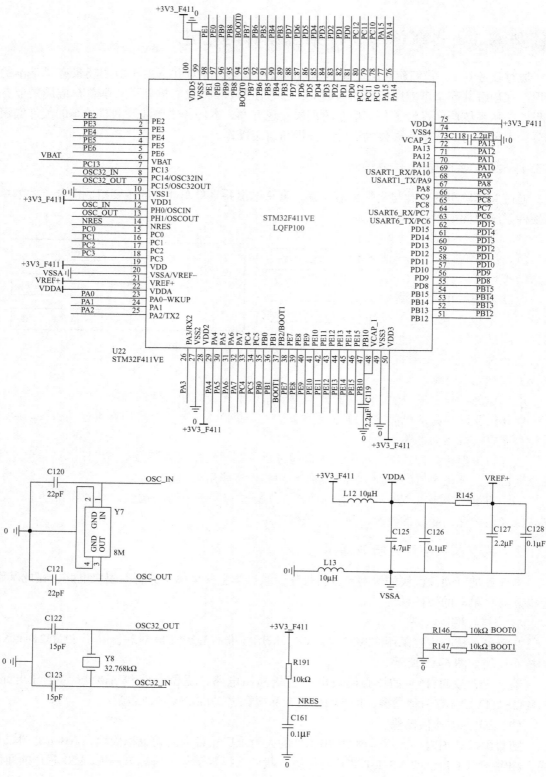

图 6-15　基于 STM32F411VE 的核心模块电路

BC95-B5 是一款高性能、低功耗的 NB-IoT 无线通信模块。其尺寸仅为 23.6mm × 19.9mm × 2.2mm，能最大限度地满足终端设备对小尺寸模块产品的需求，支持中国电信 850MHz 频段。特点如下：

协议栈：UDP、CoAP、LwM2M、DTLS 等。

数据传输：下行速率为 24kbit/s，上行速率为 15.625kbit/s。

接口：USIM 卡接口、UART 串口、ADC 接口等。

BC95-B5 内部高度集成化，只需设计相对简单的外围电路就能工作，NB-IoT 模块硬件原理图如图 6-17 所示。

图 6-16　通信模组 BC95-B5

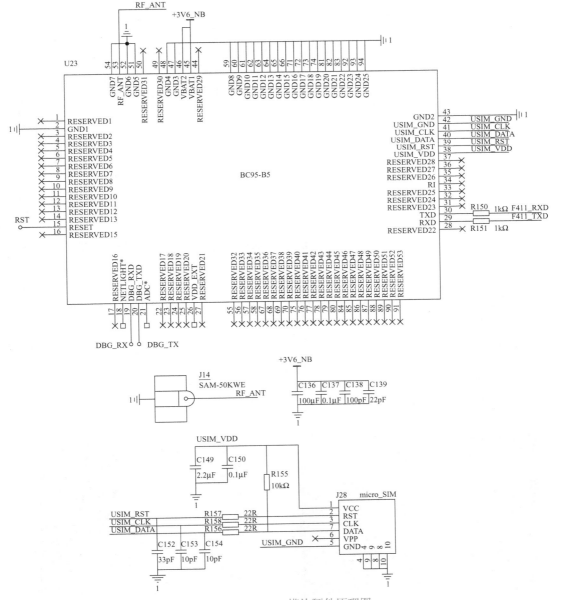

图 6-17　NB-IoT 模块硬件原理图

NB-IoT 模块与核心主控之间通过串口 TXD、RXD 进行通信，micro_SIM 模块是 SIM 卡插槽，可与 NB-IoT 基站之间建立通信。

（3）蓝牙通信模块

蓝牙通信模块用来与手机等移动端建立蓝牙连接，我们选用 DX-BT12 蓝牙模块。DX-BT12 蓝牙模块支持双模，支持传统 2.0 与 4.0 BLE（低功耗蓝牙），适配安卓与苹果手机，具有较好的兼容性，蓝牙模块原理图如图 6-18 所示。

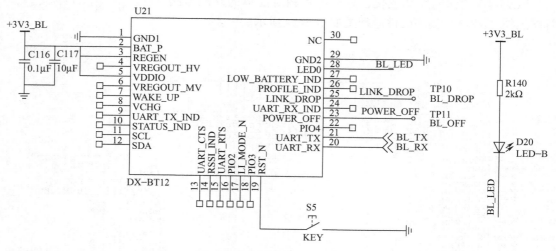

图 6-18　蓝牙通信模块原理图

DX-BT12 通过 UART_TX、UART_RX 与其他模块进行通信，S5 为复位按键，低电平复位。

6.3.3　任务实训

实训内容：按照操作步骤在 NB-IoT 通信物联网实验终端上搭建共享单车硬件实验平台。具体步骤如下：

步骤 1：认识并安装核心主控模块。核心主控基于 STM32 平台，采用最小系统形式，采用排座与其他模块连接。将核心主控模块插在实验终端标有 MCU 的位置处，如图 6-19 所示。

步骤 2：安装 NB-IoT 模块。NB-IoT 模块负责与基站建立通信，传输数据。将 NB-IoT 模块安装至实验终端上标有 NB-IoT 的位置处，完成模块安装，图 6-20 所示。

图 6-19　核心主控模块

图 6-20　NB-IoT 模块

步骤3：安装电子锁模块。将电子锁模块安装在实验终端标有 Control 位置处，如图 6-21 所示。

图 6-21　电子锁模块

至此，整个项目硬件系统平台搭建完毕。共享单车车锁硬件系统平台如图 6-22 所示。

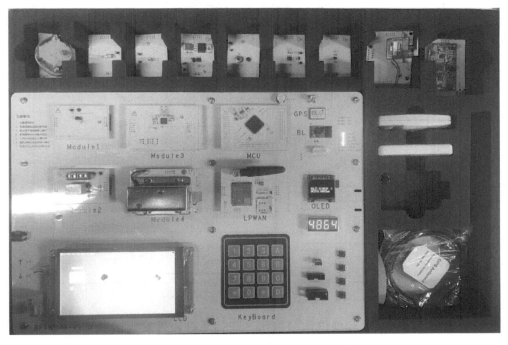

图 6-22　共享单车车锁硬件系统平台

任务 6.4　共享单车 LiteOS 嵌入式软件设计

本任务引导学生设计共享单车嵌入式软件流程，通过分析部分重要源码教会学生理解代码如何启动和如何调试各个组件。通过本任务的学习，一是让学生了解嵌入式底层的相关知识，二是为学生在分析其他重要代码时指引方向，同时增加学生掌握代码的能力。在内容方面，主要以基础为根本，以学生为主体，通过介绍基础内容使学生逐渐深入了解共享单车的运行过程。

6.4.1 嵌入式软件流程图设计

嵌入式软件流程图是整个共享单车底层控制的灵魂，本任务主要介绍整个共享单车底层系统的工作流程以及各个子模块的相互协调关系。共享单车嵌入式软件流程图如图 6-23 所示。

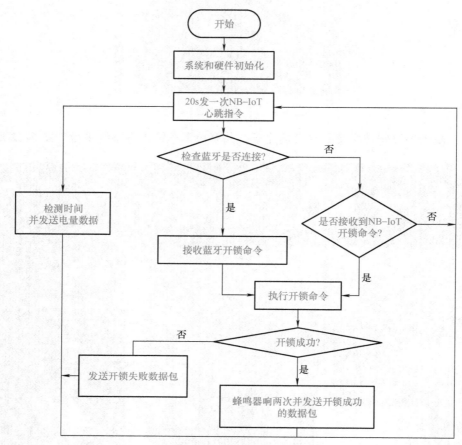

图 6-23　共享单车嵌入式软件流程图

1）设备上电后进行系统和硬件的初始化（包括系统时钟配置、LiteOS 系统配置、I/O 口输出特性配置等），从而保证微处理器（MCU）能够正常的工作。

2）首先检测设备上的蓝牙是否连接上手机蓝牙，如果连接上，则把 NB-IoT 模块的 IMEI 号发送给手机 APP，然后接收手机 APP 发送的开锁命令，并执行开锁操作。

3）如果设备蓝牙未成功连接手机蓝牙，则由后台通过 NB-IoT 通信方式进行开锁。由于 NB-IoT 模块自身带有省电模式，在没有心跳指令的情况下，NB-IoT 模块会进入省电状态，该状态下不能接收到 OceanConnect 下发的指令，因此，设备每 20s 会给 OceanConnect 发送一次心跳指令。如果接收到平台下发的指令，设备会执行开锁的动作。

4）如果开锁成功，设备上的蜂鸣器将会响两次并且会向后台或手机 APP 发送开锁成功的数据包；若开锁失败，同样会向后台或者手机 APP 发送开锁失败的数据包。

5）系统会执行计数程序，每 1h 会检测一次当前时间，如果在设定的时间内，系统会将设备的电量数据发送给平台。

6.4.2 嵌入式软件模块代码编写与解析

共享单车以 STM32F411VE 作为主控，并基于华为 LiteOS 轻量级操作系统，通过主控的串口与蓝牙模块和 NB-IoT 模块进行通信。嵌入式代码首先通过 STM32Cube 生成 HAL 库工程文件，以 IAR 7.5 for ARM 作为软件开发环境进行开发。

共享单车项目中蓝牙控制在系统中单独创建一个任务，在创建的任务的函数中我们要设置好任务函数、任务名称、任务优先级、任务堆栈大小等信息，然后在开始创建任务前要锁住任务，防止创建任务时被中断等事件打断，创建成功后解锁任务。详细代码如下：

```
/**
  * @brief  创建共享单车任务
  * @retval 无
*/
uint32_t create_Task_bike( void )
{
 UINT32 uwRet = 0;
 static UINT32 Task_bike_Index = 0;
 TSK_INIT_PARAM_S stInitParam1;
  /*创建任务:Task_Debug*/
( VOID )memset( ( void * )( &stInitParam1 ), 0, sizeof( TSK_INIT_PARAM_S ) );
 stInitParam1.pfnTaskEntry = Task_bike;               //任务函数
 stInitParam1.pcName = "Task_bike";                  //任务名字
 stInitParam1.usTaskPrio = Prio_Task_bike;           //任务优先级
 stInitParam1.uwStackSize = StackSize_Task_bike;     //堆栈大小
 LOS_TaskLock();                                      //锁住任务
 uwRet = LOS_TaskCreate( &Task_bike_Index, &stInitParam1 );   //开始创建任务
 if( uwRet ! = LOS_OK )
  {
    debug_print_string( "create Task_bike failed!,error:% x \n", uwRet );
    return uwRet;
  }
 LOS_TaskUnlock();                                    //解锁任务
 return LOS_OK;
}
```

任务创建成功后，这个任务必须要有需要处理的事情，编写任务处理函数的目的就在于此。任务处理函数一定要和 stInitParam1.pcName 右侧的名字要一致，否则系统识别不了要执行的函数。任务处理函数代码如下：

```c
/**
  * @ brief   共享单车处理函数
  * @ details   从队列中取出数据,并使用 DMA 进行发送,然后等待发送完成
  * @ param   pdata   无用
  * @ retval   无
*/
static void*   Task_bike( UINT32 uwParam1,
                          UINT32 uwParam2,
                          UINT32 uwParam3,
                          UINT32 uwParam4 )
{
int i =0,time;
int BAT_V;
u8 Check =0;
uint8_t bat_v[4];
Device_packet_t packet;
char BLE[25] = {0};
i ++;
if(i > =36000)
{
  i =0;
  time = NB_time_detection();
  if(time ==23)//发送电源电量
  {
    BAT_V = (int)Get_BAT_Value() *10;
    bat_v[0] =3;
    bat_v[1] =BAT_V/10;
    bat_v[2] =3;
    bat_v[3] =BAT_V% 10;
    APP_transmit_packet(10000,07,01,0x14,0,5,bat_v);
  }
}
    Check = bl_get_elelock( BLE );
    if( Check == 1 &&new_device_buffer_to_packet(BLE,&packet) >0 )
    {
      if(packet. node_type == NODE_BLUETOOTH && packet. device_type == DEVICE_
LOCK)
    {
    switch(packet. cmd)
    {
      case CONTROL_COMMAND:                        //开起电动机
```

```
        if(packet.data[0]==0x01)
{Electronic_Lock_Open();send_to_bl_buff("5a2535023215000101 68ca",11);BeepON-
times();}
        if(packet.data[0]==0x00)
{Electronic_Lock_Close();send_to_bl_buff("5a253502321500010068ca",11);}
        }
      }
    }
  }
```

在任务处理函数中主要完成两个重要的事件，一个是检测当前时间，如果满足条件则将电量数据发送到华为 OceanConnect 平台；第二个事件是检测手机蓝牙发送到设备的开锁指令，如果接收到指令和协议相符，就会进行开锁的动作。成功后返回开锁成功的数据包，蜂鸣器响两声。任务处理的过程中，NB_time_detection( ) 函数用于查询时间，Get_BAT_Value( ) 函数负责采集电量数据，APP_transmit_packet( ) 函数将电量数据发送到华为 OceanConnect 平台，new_device_buffer_to_packet( ) 函数负责解析手机蓝牙发送到设备的开锁命令数据包。

NB-IoT 开锁需要执行的代码在 APP_NB_control. c 文件夹 static void _cmd_control_command( ) 函数下，NB-IoT 模块运行的代码涉及数据结构。

6.4.3　任务实训

实训内容：修改程序，将电子锁的状态信息发送到 OceanConnect 平台。

步骤1：找到工程文件夹，找到 Project. eww 文件并拖动到 IAR 中，工程开发后工程目录如图 6-24 所示。

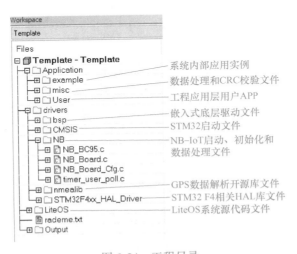

图 6-24　工程目录

步骤2：双击目录下 User 文件夹并打开 APP_NB_control. c，找到 NB-IoT 接收控制锁的命令后进行处理的位置，处理程序在 static void _cmd_control_command(Device_packet_t * packet) 函数中。电子锁处理程序如下：

```
        case DEVICE_LOCK :                    //电子锁控制
        Electronic_Lock_set ( sta );          //电子锁开关
        break;
```

控制电子锁的程序在 Electronic_Lock_set(sta) 函数中。

步骤3：选中 Electronic_Lock_set(sta) 函数，单击右键 "Go to Definition of' Electronic_Lock_set'"，就会进入该函数内，函数源文件代码如下：

```
    u8 NB_data[6] ={0};
    if( sta ==  1 )
    {
        NB_data[0] =31;
        Electronic_Lock_Open ();
        BeepONtimes ();
    }
    else if(sta ==  0)
    {
        NB_data[0] =30;
        Electronic_Lock_Close ();
    }
```

此部分代码中 Electronic_Lock_Open() 负责打开电子锁，Electronic_Lock_Close() 负责关闭电子锁。

步骤4：查看节点类型结构体、设备类型结构、命令结构体选择对应的成员名。代码如下：

```
    typedef enum
    {
        NODE_ZIGBEE = 0x00,             /*0 zigbee */
        NODE_STM32,                     /*1 STM32 */
        NODE_BLUETOOTH,                 /*2 蓝牙 */
        NODE_WIFI,                      /*3 WiFi */
        NODE_IPV6,                      /*4 ipv6 */
        NODE_CAN,                       /*5 CAN */
        NODE_485,                       /*6 485 */
        NODE_NB,                        /*7 NB_IOT */
        NODE_NULL = 0xFF                /*255 空节点 */
    } Node_type_t;
```

选择 NB-IoT 发送电子锁状态，则在选择设备类型时填入 "07" 即可。

步骤5：添加 NB-IoT 发送函数 APP_transmit_packet(10000, 07, 50, 0x15, 0, 1, NB_data)，如果是开锁命令则 NB_data 就是1，关锁则为0。其中10000是消息序列，07是 NB_IOT 节点，50是电子锁设备类型，0x15 为下发控制命令。

步骤6：程序设计完成后，就可以编译程序了，如图6-25所示。

图 6-25　程序编译

步骤7：程序编译完成后，如果没有错误就可以把程序下载到实验终端上了，实验终端选择ST-LINK仿真器下载程序，所以下载前要单击工程 Options- > Debugger- > Setup 的 Driver 选择 ST-LINK，将下载器的 USB 一端连接到计算机的 USB 接口上，另一端连接到实验终端的下载接口，连接如图 6-26 所示。

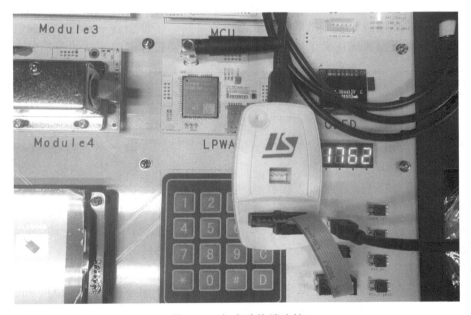

图 6-26　与实验终端连接

步骤8：下载器连接好后，单击下载与 DEBUG 按钮，进入调试界面，如果需要调试，则设置断点执行调试，如果不需要调试，单击退出 DEBUG 模式按钮即可，如图 6-27 所示。

图 6-27　程序下载与调试

任务 6.5　共享单车数据上传与命令下发控制操作

本节任务引导学生学习 NB-IoT 协议数据单元的构成，并对华为 OceanConnect 平台下发控制命令、数据上传显示的流程进行讲解，使学生在做实验的过程中了解协议、重视协议、运用协议。以发送开锁命令操作实践为实例，本任务使学生更快更详细地了解整个数据上传和命令下发的过程。

6.5.1　共享单车协议分析

为了可靠地发送、接收数据，通信设备必须要有规定的数据格式、纠错方式、控制字符等，即需要专门的通信协议。严格来说，任何设备之间通信都会有一套特有的通信协议。

在本任务中，根据需求定义了一套共享单车专用的协议数据单元，如图 6-28 所示。

起始位(5A)	消息序列	节点类型	设备类型	命令码	应答码	数据长度	数据	校验位	停止位(CA)

图 6-28　NB-IoT 协议数据单元

整个 NB-IoT 协议的每个数据单元含起始位、消息序列（两个字节）、节点类型、设备类型、命令码、应答码、数据长度、数据、校验位、停止位十项，其中数据的大小取决于数据长度的数值。举个例子，如果设备接收到的数据单元是 5a2564023215000113191ca，每一项的数据类型都是十六进制（0X 省略）。现在对数据流进行解析，5a、ca 是起始位和停止位，2564 是系统随机产生的消息序列号，02、32 分别是节点类型和设备类型，命令码是 15，由于是对设备下发的数据流，所以应答码是 00，数据长度是 01，数据是 31，91 是循环冗余校验（CRC）的数值。

当使用 NB-IoT 进行通信时，除了嵌入式底层设计外，还需要对华为 OceanConnect 平台进行相应的配置，当设备上报数据到平台，平台会根据上报数据的关键字进行 Profile 匹配，并将数据格式与匹配上的 Profile 文件进行校验，只有匹配成功的数据才会在平台上保存，在平台上命令会以 Profile 配置的格式进行下发，设备端在接收到命令后根据协议格式进行解析，因此 Profile 的编写需要根据使用的通信协议来设计。Profile 文件格式见表 6-1。

表 6-1 Profile 文件格式

属 性			命 令		
序 号	字段名称	含义说明	序 号	字段名称	含义说明
1	Starting_mark	起始标志（1B）	1	Starting_mark	起始标志（1B）
2	Message_number	消息序列号（2B）	2	Message_number	消息序列号（2B）
3	Node_type	节点类型（1B）	3	Node_type	节点类型（1B）
4	Device_type	设备类型（1B）	4	Device_type	设备类型（1B）
5	Command_code	命令码（1B）	5	Command_code	命令码（1B）
6	Response_code	应答码（1B）	6	Response_code	应答码（1B）
7	Data_length	数据长度（1B）	7	Data_length	数据长度（1B）
8	Data	数据（可变长度）	8	Data	数据（可变长度）
9	Check_code	校验码（1B）	9	Check_code	校验码（1B）
10	End_mark	结束标志（1B）	10	End_mark	结束标志（1B）

6.5.2 共享单车数据上传平台与查看操作

上节我们学习了通信协议，这一节将介绍数据上传平台的情况。OceanConnect 平台数据详情见表 6-2，当设备按照协议格式将数据发送到平台，平台按照 Profile 的配置将数据解析成功后就会显示服务、数据详情、时间等信息。仔细观察会发现平台上的时间和实际时间有一些偏差，但这不影响数据的准确性。设备向平台发送的数据是十六进制数据类型，但是 Profile 配置的是 int 的数据类型，所以数据发到平台上会显示成十进制数，比如 starting__mark =90 转化成十六进制时起始位为 5a，end_mark =202 转化成十六进制时停止位为 ca。有一个地方需要注意，比如 data 的数值是 47，但是设备端发送的数据可不是 47，而是(0x)34(0x)37，原因是在配置 Profie 时 data 的数据类型是 string，所以设备端发送的数据要以 ASCII 码形式发送，这样配置的优点就是方便后端开发人员提取数据，减少开发的工作量。

表 6-2 OceanConnect 平台数据详情

服 务	数据详情	时间
NBcontrol	{ " starting__ mark":90, " message_number":0, " node_type":2, " device_type":50, " command_code":20, " response_code":0, " data_length":2, " data":" 47", " check_code":127, " end_mark":202 }	2018/10/23 03：20：04
NBcontrol	{ " starting__mark":90, " message_number":0, " node_type":2, " device_type":50, " command_code":20, " response_code":0, " data_length":2, " data":" 38", " check_code":119, " end_mark":202 }	2018/10/23 03：19：45
NBcontrol	{ " starting__mark":90, " message_number":0, " node_type":2, " device_type":50, " command_code":20, " response_code":0, " data_length":2, " data":" 47", " check_code":127, " end_mark":202 }	2018/10/23 03：19：45
NBcontrol	{ " starting__mark":90, " message_number":0, " node_type":2, " device_type":50, " command_code":20, " response_code":0, " data_length":2, " data":" 45", " check_code":125, " end_mark":202 }	2018/10/23 03：19：23

6.5.3 控制命令下发操作

目前华为 OceanConnect IoT 平台提供两种命令下发机制，一种是立即下发，另一种是缓存下发。立即下发就是平台收到命令后立刻发送规定的命令，如果设备不在线或者设备没收到指令则下发失败。缓存下发是平台收到命令后放入队列。在设备上线的时候，平台依次下发命令队列中的命令。如果对实时性没有要求，则缓存下发是最佳的选择，因为设备要考虑低功耗，所以设计的时候采用的是缓存下发，提高接收命令的效率。

命令的发送界面如图 6-29 所示，命令下发的格式和数据接收的格式基本一样，只需将协议数据以十进制的类型填入到发送框内，单击"缓存发送"就可以完成一次操作。例如，发送开锁命令：5a000002320101ca，单击"我的设备"，进入设备列表页面。单击设备右侧的命令下发图标 </>，弹出命令下发界面，根据界面信息，在命令下发框内按照表 6-3 进行配置。

图 6-29　华为 OceanConnect 平台命令下发界面

表 6-3　开锁命令列表

序　　号	字段名称	数　　值
1	starting_mark	90
2	message_number（可随机）	0
3	node_type	2
4	device_type	50
5	command_code	21
6	response_code	0
7	data_length	1
8	data	1
9	check_code（可随机）	86
10	end_mark	202

单击"设置时间"将时间设置成 60 s（可随机设置），然后单击"立即发送"，若发送成功，则会在页面右侧显示下发数据的详细消息。此时单击"我的设备"，查看历史命令，如果命令发送成功，消息状态为"已送达"状态。如果 NB-IoT 未唤醒，命令还没有完成发

送，消息状态为"等待"状态。如果命令下发超过了设置时间还未发送出去，消息状态会显示"超期"。

6.5.4　任务实训

实训内容：通过第三方管理平台 OceanConnect 下发开锁、关锁命令。

具体步骤如下：

步骤1：实验终端上电并打开电源按钮，若默认浏览器为谷歌，则直接单击 https：//139.159.139.219：8093（平台（Portal）链接每个人都不一样），否则将链接复制到相应浏览器，进入登录界面，如图 6-30 所示，若出现警告界面直接关闭即可，或选择继续。

图 6-30　OceanConnect 平台登录界面

接着进行登录操作，用户名和密码为预约远程实验室时收到的邮件中的平台（Portal）的账号和密码，见表 6-4。

表 6-4　平台（Portal）账号和密码

平台（Portal）	NB-IoT 方案平台（portal）链接	https：//139.159.139.219：8093
	AgentLite 方案平台（portal）链接	https：//139.159.139.219：8843
	登录账号/密码	请使用自己申请的账号

步骤2：开启设备电源按钮，同时登录 OceanConnect 平台，单击"我的设备"，如图 6-31 所示，进入设备列表页面。单击设备右侧的命令下发图标" </>"，弹出下发命令操作页面。

步骤3：下发命令操作页面如图 6-32 所示，按照协议格式，将对应命令参数值的十进制数值输入到信息框内。

步骤4：单击"立即发送"，若发送成功，则会在页面右侧显示下发数据的详细消息。此时单击"我的设备"，查看历史命令，消息状态为"已送达"状态，如图 6-33 所示。如果想延迟发送命令，也可以单击"缓存发送"，但在发送前要设置时间。

步骤5：发送成功后，观察电子锁的状态。

图 6-31　我的设备

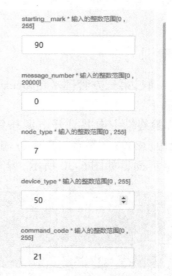

图 6-32　下发命令操作页面

图 6-33　历史命令

项 目 小 结

　　本项目介绍了共享单车的基本概念、设计流程和系统组成，并介绍了数据如何与第三方平台对接，主要内容包括：

　　1. 共享单车的概念；共享单车在国内的发展。

　　2. 共享单车的业务流程；共享单车系统包括车锁、管理后台与移动端 APP。

　　3. 共享单车有蓝牙和 NB-IoT 两种开锁方式。

　　4. 共享单车的硬件系统包括核心主控、电源系统、电量检测、电动机驱动、NB-IoT 通信与蓝牙通信模块。

　　5. 共享单车数据的上传和车锁命令的下发，均需要按照特定的通信协议进行。

 思考题与习题

一、思考题

1. 什么是共享单车？比较有代表性的企业有哪些？

2. 共享单车除了可以采用 NB-IoT 通信技术外，是否还可以应用其他技术？相对而言，NB-IoT 的优势是什么？

3. 在整个共享单车的架构中，为什么需要使用第三方的连接管理平台？

4. 在共享单车的软件流程图中，为什么底层设备需定期发送心跳指令数据？

5. 共享单车的通信协议有哪些？为什么说通信协议是必不可少的？

二、选择题

1. 用户在忘记共享单车 APP 密码时，可以通过（　　）方式进行找回密码。

A. 手机号码　　　B. 密保信息　　　C. 用户名　　　D. 不需要找回

2. NB-IoT 通信模块具有（　　）的特点。

A. 低功耗、广覆盖　　　　　　　B. 功耗高、广覆盖

C. 低功耗、连接少　　　　　　　D. 高性能、成本高

3. 共享单车底层系统工作流程中，当系统和硬件初始化之后，（　　）向平台发送一次心跳指令。

A. 20s　　　　　B. 30s　　　　　C. 40s　　　　　D. 50s

4. 以下哪个 Profile 文件命令是表示设备类型？长度是多少？（　　）

A. Node_type　1B　　　　　　　B. Node_type　2B

C. Device_type　1B　　　　　　D. Device_type　2B

5. DX-BT12 蓝牙模块支持双模、支持传统 2.0 与 4.0 BLE，适配安卓与苹果手机，具有较好的兼容性，通过（　　）引脚与其他模块进行通信。

A. UART_TX、UART_RX

B. SDA、SCL

C. LOW_BATTERY_IND、PROFILE_IND

D. UART_RX_IND、POWER_OFF

6. 共享单车设计中，蜂鸣器响（　　）次表示开锁成功，并发送开锁成功的数据包。

A. 1　　　　　B. 2　　　　　C. 3　　　　　D. 4

三、填空题

1. 在共享单车通信协议当中，若设备收到的数据流是 5a263502321500013191ca，那么对数据流进行解析，5a、ca 分别代表_____和_____；2635 代表_____；02 代表_____；32 代表_____；15 是代表命令码，由于是对设备下发的数据流，所以应答码是 00，数据长度是 01，数据是 31，91 是循环冗余校验（CRC）的数值。

2. OceanConnect 物联网平台提供两种命令下发机制，一种是立即下发，另外一种是_____。

3. STM32F411VE 核心模块电路包括_____电路、_____电路、_____电路。STM32F411VE 共有两种晶振，即_____和_____。

4. 在 NB-IoT 通信模块中，NB-IoT 模块与核心主控之间通过串口_____、_____进行通信。

5. 共享单车系统方案设计包括_____、_____、_____三部分。

6. 共享单车项目中，蓝牙控制在系统中单独创建一个任务，在创建的任务函数中要设

置好任务函数、_____、_____、_____等信息量，然后在开始创建任务前要锁住任务，防止创建任务时被中断等事件打断，创建成功后解锁任务。

四、综合实践

1. 总结 STM32 相关知识，设计基于 STM32 的电量采集系统，要求分析硬件原理、画出软件设计流程图，并将采集的电量值通过串口调试助手打印显示。

2. 编写软件，使系统电量数据周期性地通过 NB-IoT 进行数据上传，列出 NB-IoT 不同功耗模块式下系统的电量值。

3. 仔细回顾共享单车车锁涉及的硬件、嵌入式软件等系统组件，绘制出系统业务与数据逻辑交互图。

项目7　共享单车应用设计

教学导航

共享单车 Web 端主要作用在于以报表的形式对数据进行可视化监控，但是需手动选择性地添加控件，同时也是 APP 管理端用户注册的入口。本项目会对项目创建、添加控件、项目发布进行详细讲解。

知识目标	1. 共享单车平台的设计与创建 2. 共享单车移动前端 APP 的设计 3. 共享单车在使用中软件系统的功能设计 4. 共享单车应用系统的综合调试 5. 共享单车应用平台后台数据的处理
能力目标	1. 共享单车应用平台设计与创建 2. 共享单车移动端 APP 设计 3. 实现共享单车应用系统综合调试
重点、难点	1. 共享单车应用平台设计和创建 2. 共享单车应用系统的综合调试
推荐教学方式	了解共享单车现状，体验共享单车，便于学生认知。引导学生动手绘制流程图，加深理解。引导学生对重要源代码进行分析，理解其中的设计原理
推荐学习方式	认真完成每个任务，注重与实践的结合。应用平台和 APP 的设计框图要自己动手去绘制和思考，共享单车应用后台数据查看和控制操作要自己去操作，理解数据的流向

任务 7.1 共享单车应用平台设计与创建

本任务旨在让学生掌握在物联网云服务开发平台上创建共享单车项目，对该项目进行编辑、发布，熟悉各个报表控件的使用方式。

7.1.1 创建共享单车项目

使用浏览器（推荐使用火狐、谷歌）登录物联网云服务开发平台，地址为 http：//139.159.134.196：8888，单击"立即开启"按钮，输入用户名、密码即可登录，登录页面如图 7-1 所示。

图 7-1 物联网云服务开发平台登录页面

登录成功后可看到如图 7-2 所示的登录首页页面，该页面包括教学导航、行业应用视频。下方展示了最近创建的项目，可对其进行预览、编辑、删除操作。这里单击"新建项目"按钮创建共享单车项目。

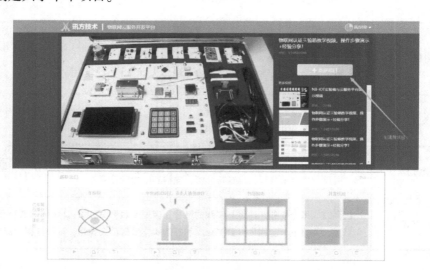

图 7-2 登录首页

当单击"新建项目"按钮后可看到如图 7-3 所示项目创建页面，此页面需填写项目名称、项目图片、项目描述、项目地点几项内容，完成后单击"提交"按钮完成创建，此时共享单车项目就已经创建完成，但还需要对其进行编辑、发布等操作。

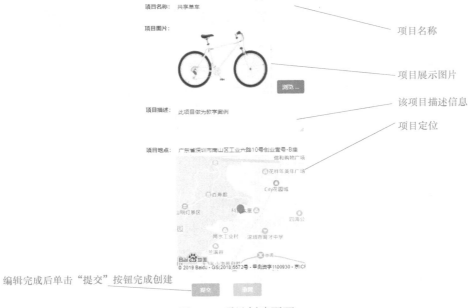

图 7-3　项目创建页面

7.1.2　组态化项目编辑与发布

完成项目创建后即可看到图 7-4 所示页面，因为创建的是共享单车项目，所有的设备均在 APP 上添加，所以直接单击"第七步"，进入项目编辑页面，在此可以添加工作员（APP 管理员）、编辑或添加显示单车数据的控件，比如查看本项目用户信息、单车数据状态、骑行统计等。

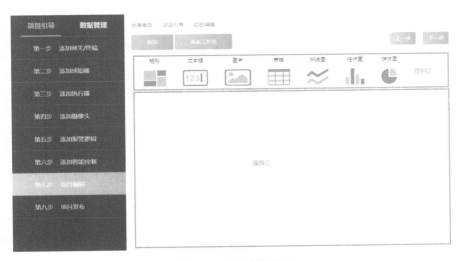

图 7-4　项目编辑页面

单击添加工作员（即共享单车 APP 的管理员），需要输入用户名、密码并将项目类型选择为共享单车，然后单击"添加"按钮。此用户就可以在 APP 上对车辆新增、删除，查询故障车辆，处理故障，对不可维修的车辆进行报废等处理，相当于分配账号，如图 7-5 所示。

图 7-5　添加 APP 管理员

在控件区域选择共享单车项目需要的控件，拖拽至编辑器（下面空白区域），再对其进行编辑，下面详细介绍添加各控件的步骤：

注意：当单击"添加"按钮后禁止更换数据源，因为该控件已经认定了其展示数据的来源。若更换数据源，则保证添加按钮之下没有任何数据；如果有，单击"删除"按钮删除数据，或者直接删除控件，重新添加。

1）添加表格。此处以添加项目用户表格为例演示，具体步骤请参考图 7-6，添加好需要展示的数据后最终单击"确定"按钮，在平台上添加的工作员或 APP 上注册的普通用户都可以通过此表格进行展示。

2）添加折线图。此处以统计本项目每月新增用户数量为例演示，具体步骤请参考图 7-7，添加需要展示的数据后单击"确定"按钮，此时就可以看到图 7-8 展示的效果，此报表控件统计项目每月新增用户数量。

3）添加柱状图，此处以统计本项目 1 月和 2 月新增、报修、报废车辆数据对比为例演示，具体步骤请参考图 7-9，添加需要展示的数据后单击"确定"按钮，此时就可以看到如图 7-9 所示的效果，此报表控件就会统计出项目 1 月份和 2 月份车辆状态对比图，因为还没有车辆，所以此处三种状态的数量都为 0。

4）添加饼状图。在没有数据的情况下饼状图添加完成看不到效果，添加方式和折线图基本一致，此处就不再对其进行过多讲解，大家一试便知。

控件编辑完成后，单击左上角的"保存"按钮，此操作会将控件在网页中的定位永久保存。

经过上述几个步骤，项目已经编辑完成，此时还无法使用，需要进行发布，单击"第八步"跳转至发布页面，在该页面中，不可对控件进行编辑。单击"发布"按钮后会提示"报告：发布成功"，此时会自动为该项目生成一个访问链接。单击该链接可查看本次创建的单车项目的各数据，如图 7-10 所示。

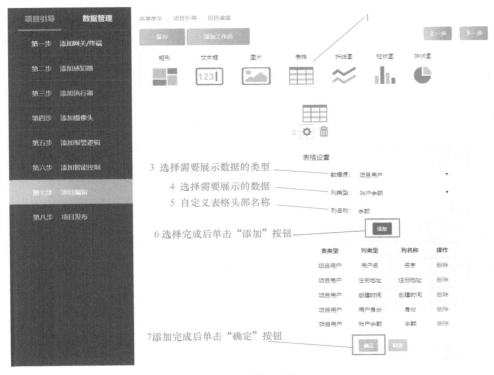

图 7-6 添加表格

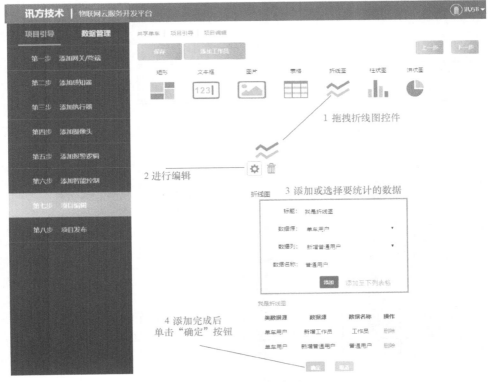

图 7-7 添加折线图

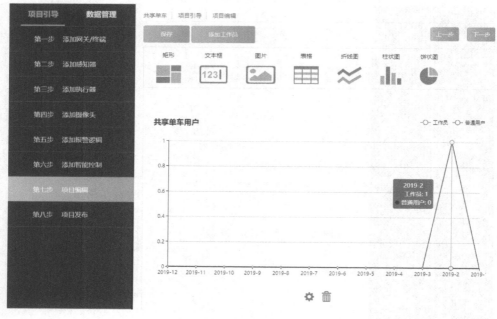

图 7-8　添加折线图完成效果图

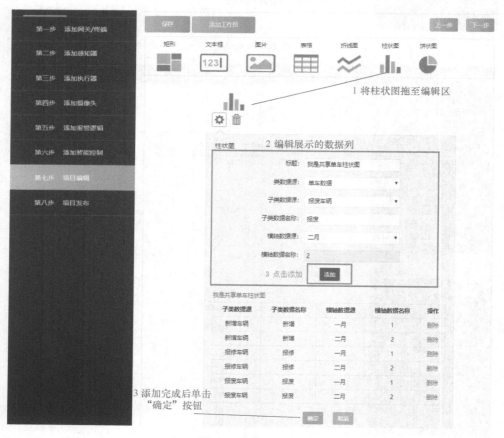

图 7-9　添加柱状图

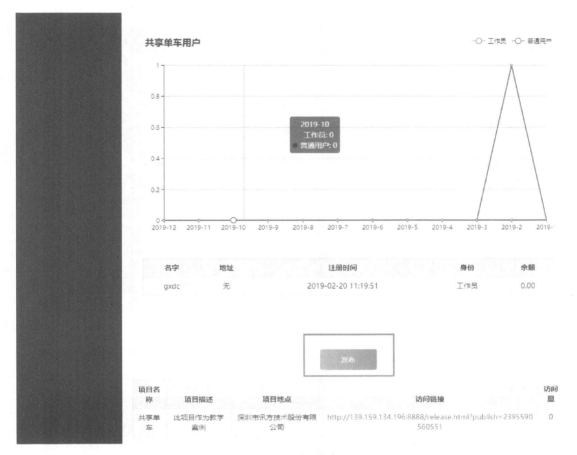

图 7-10　项目发布

任务 7.2　共享单车移动端 APP 设计

本任务从需求分析、界面设计和程序开发等几个方面，详细介绍共享单车 APP 的设计思路与开发方法，引导学生去学习共享单车 APP 应用、熟悉共享单车的工作模式，并带领学生实际体验开发共享单车整个 APP 应用，让学生更好地理解共享单车，熟悉掌握共享单车 APP 具体开发流程，为后续共享单车的一整套完整系统设计奠定基础。

7.2.1　工程的创建

在程序开发阶段，根据 UI 设计师给出的设计效果图，创建新项目工程，首先确定"共享单车移动端 APP"的工程名字为 sharebike，包名为 xunfang. com. sharebike，然后新建项目工程。操作步骤如下。

步骤 1：打开软件后，选择 Start a new Android Studio project，新建 Android Studio 工程页面如图 7-11 所示。

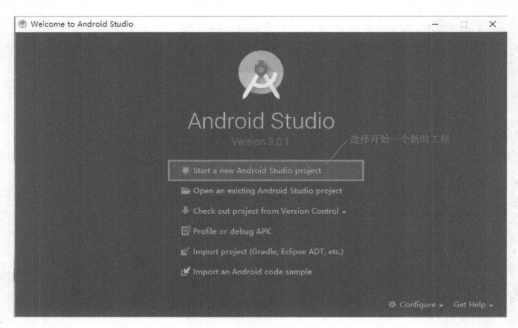

图 7-11　新建 Android Studio 工程页面

步骤2：在对应的位置，填写工程名称、公司域名、存放路径、包名，如图7-12所示。

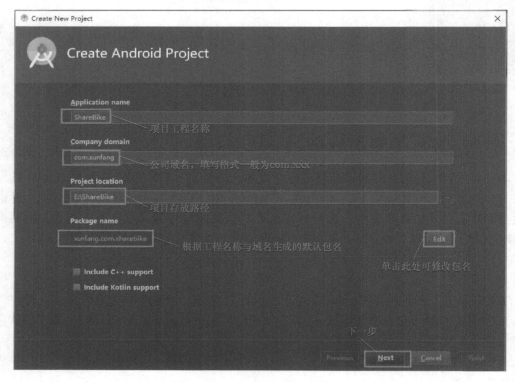

图 7-12　Android Studio 工程信息

　　步骤 3：因为 Android 软件遵循系统向下兼容的原则，所以选择 API 15，也就是 Android 4.03 以上系统就可以了，如图 7-13 所示。

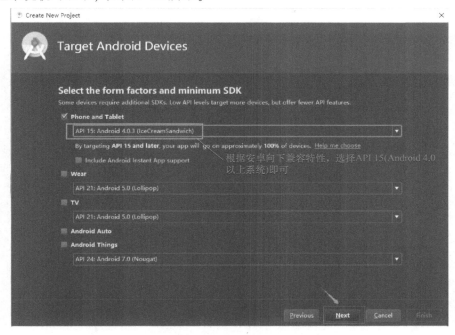

图 7-13　选择 API 15

　　步骤 4：在选择新建工程默认样式时，选择 Empty Activity 样式，也就是空白工程，这样方便根据需求，定制开发，如图 7-14 所示。

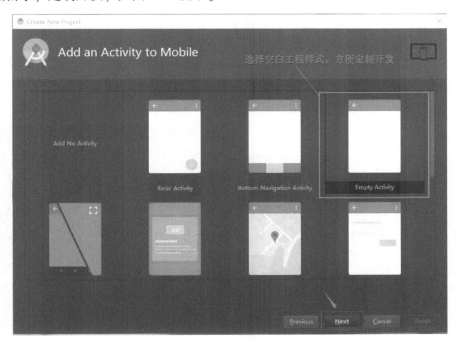

图 7-14　选择 Empty Activity 样式

步骤5：在新建项目最后，选择 Activity Name 和 Layout Name 时，选择默认即可，单击"Finish"按钮完成工程的创建，如图 7-15 所示。

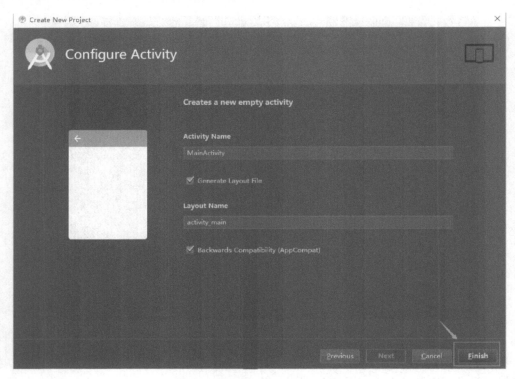

图 7-15   单击"Finish"按钮完成创建

步骤6：项目新建完成后，通过 USB 数据线连接到手机上，单击软件顶部绿色三角按钮，编译运行项目，如图 7-16 所示。

步骤7：在弹出的 Select Deployment Target 窗口中，选择已经连接上的手机设备，单击"OK"按钮运行编译，使程序运行到连接的设备中，如图 7-17 所示。

图 7-16   编译运行项目   图 7-17   选择连接设备

步骤8：等待程序运行编译完成后，若手机上显示如图7-18所示样式，则表示工程新建完成。

注：在Android Studio 3.0以上的版本新创建工程时，若出现如下的报错信息：

```
Error:Execution failed for task ':app:
preDebugAndroidTestBuild'.
> Conflict with dependency 'com.android.sup-
port:support-annotations' in project ':app'.
Resolved versions for app (26.1.0) and test
app (27.1.1) differ. See      https://d.android.
com/r/tools/test-apk-dependency-conflicts.
html for details.
```

则需要在工程下的app下级目录中，找到并打开build.gradle文件，在dependencies下添加以下代码：

```
androidTestCompile('com.android.support:
support-annotations:26.1.0') {
      force = true
}
```

添加完成后，单击右上角的Sync Now，同步更新配置，再运行编译工程即可。

7.2.2　工程环境配置

每一个有灵魂的APP，其内部数据必须是动态的，而且是需要以通信的方式与后台服务器或者其他第三方网络平台实现数据的交互。在共享单车的开发中，引用了第三方开源的网络请求框架来实现网络请求，使手机终端与后台服务器可以交互数据，并使用封装好的工具类，来方便对整个项目的开发。操作步骤如下。

步骤1：在工程下的app下级目录中，找到并打开build.gradle文件，在dependencies下添加注解框架插件（implementation'com.jakewharton：butterknife：7.0.1'）、网络请求框架（compile'com.tsy：myokhttp：1.1.4'）、图片框架（implementation'com.squareup.picasso：picasso：2.5.2'）。添加完成后，单击右上角Sync Now，同步更新配置，如图7-19所示。

步骤2：把配套资源里的application、base、custom、okhttp、utils五个文件夹，复制粘贴到src/mian/java/xunfang/com/sharebike（xunfang/com/sharebike为项目包名与工程名称，具体以自己的工程为准）下面，如图7-20所示。

图7-20中显示，base内有报错信息，是因为base类方法里，包含了进度条的方法，需要导入另外一个库文件（配套资源里的common封装库），操作如下：

1）在开发工具Android Studio顶部导航栏，单击File下的New层级下的Import Module...，如图7-21所示。

图7-18　编译完成

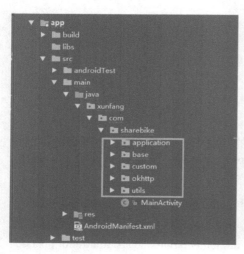

图 7-19　添加更新

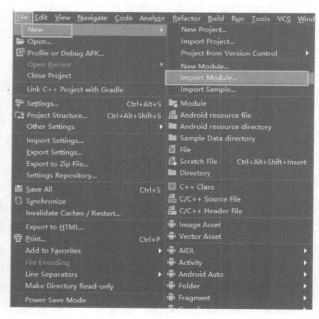

图 7-20　工程文件位置 图 7-21　选择 Import Module...

在弹出的对话框中，找到配套资源项目里存放 common 库的路径，选中 common 库，单击"Finish"按钮，完成资源库的导入，如图 7-22 所示。

2）在开发工具 Android Studio 顶部导航栏，选择并单击 File 下的 Project Structure，在弹出的对话框中配置资源库 common，使其跟 APP 关联在一起，如图 7-23 所示。

在弹出的对话框中，选择对应需要关联的 common 库，单击"OK"按钮，如图 7-24 所示，然后关闭对话框。

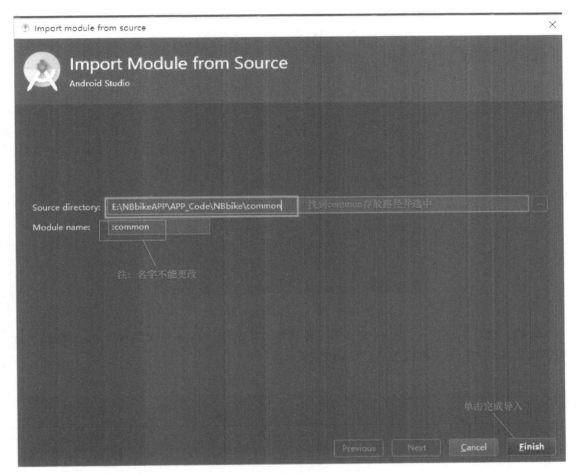

图 7-22　资源库导入

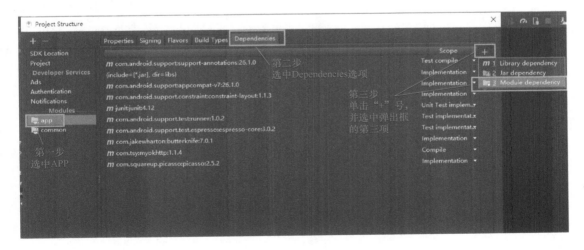

图 7-23　APP 关联

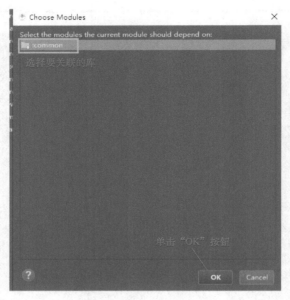

图 7-24 关联 common 库

最后，会在 Project Structure 窗口下，看到所关联的库，务必再次单击 "OK" 按钮，才能完成 common 库与 APP 的关联，如图 7-25 所示。

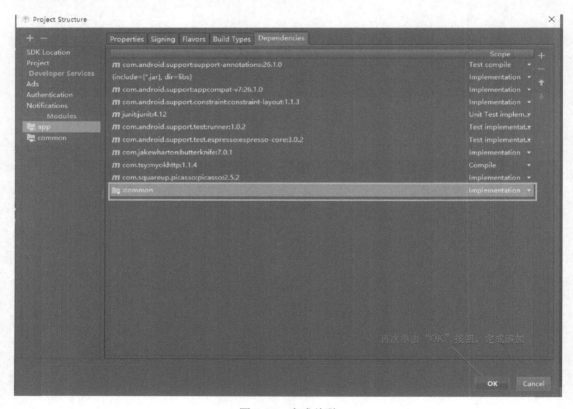

图 7-25 完成关联

common 与 APP 关联后，打开之前有报错的 base 文件夹，找到对应的类，在报错位置导入对应的包就可以了。

注：在配置环境后运行工程时，若出现如下的报错信息：

```
Error:Execution failed for task ':app:javaPreCompileDebug'.
 > Annotation processors must be explicitly declared now. The following dependencies on the compile classpath are found to contain annotation processor. Please add them to the annotationProcessor configuration.
    - butterknife-7.0.1.jar (com.jakewharton:butterknife:7.0.1)
   Alternatively, set
android.defaultConfig.javaCompileOptions.anno tationProcessorOptions.includeCompileClasspath = true to continue with previous behavior. Note that this option is deprecated and will be removed in the future.
   See
https://developer.android.com/r/tools/annotation-processor-error-message.html for more details.
```

则需要在 build.gradle 文件下的 defaultConfig 层级下，添加如图 7-26 所示的代码，并单击右上角的 Sync Now，同步更新配置，再次运行编译代码即可。

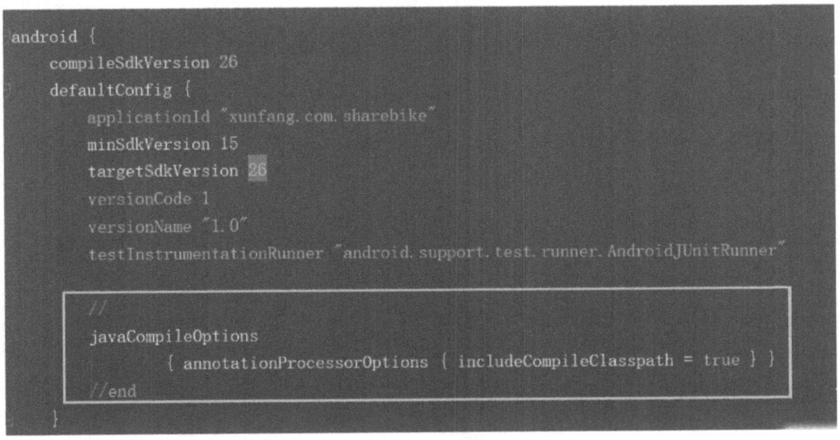

图 7-26　运行编译

7.2.3　注册、登录和重置密码

现在绝大多数 APP 的开发使用，都涉及注册、登录和重置密码的功能，共享单车 APP 同样具有这些功能，下面就从界面的设计、服务器数据请求和代码实现来完成这些功能的开发。

根据产品需求，UI 设计师设计出了用户注册、登录、重置密码界面效果图，如图 7-27 所示。

通过效果图可以看出，不同的功能界面，需要用不一样的背景与不一样的图标。为了方便开发，把所有需要用到的图片，都放在 res 目录下的 mipmap 文件夹中，为了适配不同屏幕大小，可以在 mipmap-xhdpi、mipmap-xxhdpi 等多个文件夹下放置图片资源，并且在 res 目录下的 values 文件夹中，创建 colors.xml 文件，存放背景颜色资源，创建 strings.xml 文件，

a) 注册　　　　　　　　　　b) 登录　　　　　　　　　　c) 重置密码

图 7-27　注册、登录、重置密码界面

存放字符串资源，创建 dimens. xml 文件，存放尺寸大小规格资源。

　　步骤 1：在 res/layout 下创建名为 activity_register. xml 布局界面，添加如下代码，完成注册界面的设计。

```
<LinearLayout xmlns:android = "http://schemas. android. com/apk/res/android"
    android:layout_width = "match_parent"
    android:layout_height = "match_parent"
    xmlns:tools = "http://schemas. android. com/tools"
    android:orientation = "vertical" >

  <xunfang. com. sharebike. custom. NormalTitleBar
      android:id = "@ + id/title_bar"
      android:layout_width = "match_parent"
      android:layout_height = "@dimen/immersion_title_height"
      android:background = "@mipmap/h_bg" />

  <LinearLayout
      android:layout_width = "@dimen/edit_width"
      android:layout_height = "@dimen/edit_height"
      android:layout_gravity = "center"
      android:layout_marginTop = "60dp"
      android:background = "@drawable/edit_bg_blue_shape" >
```

```xml
        <EditText
            android:id = "@ + id/et_account"
            android:layout_width = "0dp"
            android:layout_height = "match_parent"
            android:layout_weight = "1"
            android:background = "@null"
            android:hint = "请输入账号"
            android:padding = "5dp"
            android:textColorHint = "@color/trans"
            android:textSize = "@dimen/font_16" />


        <ImageView
            android:layout_width = "wrap_content"
            android:layout_height = "wrap_content"
            android:layout_gravity = "center"
            android:padding = "8dp"
            android:src = "@mipmap/a_icon" />
    </LinearLayout>

    <LinearLayout
        android:layout_width = "@dimen/edit_width"
        android:layout_height = "@dimen/edit_height"
        android:layout_gravity = "center"
        android:layout_marginTop = "@dimen/edit_margin"
        android:background = "@drawable/edit_bg_blue_shape" >


        <EditText
            android:id = "@ + id/et_pwd"
            android:layout_width = "0dp"
            android:layout_height = "match_parent"
            android:layout_weight = "1"
            android:background = "@null"
            android:hint = "请输入密码"
            android:inputType = "textPassword"
            android:padding = "5dp"
            android:textColorHint = "@color/trans"
```

　　步骤 2：完成注册界面设计后，在 java/share 下面新建名为 activity 的文件夹，用于存放 Activity 逻辑类。在 activity 文件夹下创建名为 RegisterAct 的类文件，并使其继承 BaseActivity 基类，编写代码实现注册功能。

1）初始化注册时需要使用到的全部控件，如图 7-28 所示。

```
@Bind(R.id.title_bar)
NormalTitleBar title_bar;
@Bind(R.id.et_account)
EditText et_account;
@Bind(R.id.et_pwd)
EditText et_pwd;
@Bind(R.id.et_repwd)
EditText et_repwd;
@Bind(R.id.btn_register)
Button btn_register;
```

图 7-28　初始化控件

2）在 initView（）方法中，设置沉浸式状态栏、标题字体颜色，如图 7-29 所示。

```
fullScreen(activity: RegisterAct.this);//设置沉浸式状态栏
title_bar.setTitleText("注册");
title_bar.setRightImagSrc(R.mipmap.closs);

//设置标题字体颜色
Context context = MyApplication.getInstance();
if (Build.VERSION.SDK_INT >= Build.VERSION_CODES.M) {
    title_bar.setTitleColor(context.getResources().getColor(R.color.color_white,
            context.getTheme()));
} else {
    title_bar.setTitleColor(context.getResources().getColor(R.color.color_white));
}
```

图 7-29　设置沉浸式状态栏和标题字体颜色

fullScreen（）方法是在 BaseActivity 中封装的设置沉浸式状态栏的方法，在需要设置沉浸式的界面时，直接调用即可。

3）监听"返回"按钮和"注册"按钮的单击事件，单击"注册"按钮时，调用 register（）方法中的注册网络请求，如图 7-30 所示。

```
title_bar.setOnRightImagListener(new View.OnClickListener() {
    @Override
    public void onClick(View view) {
        finish();
    }
});

btn_register.setOnClickListener(new View.OnClickListener() {
    @Override
    public void onClick(View view) {
        if (et_account.getText().toString().isEmpty() || et_pwd.getText().toString().isEmpty()
                || et_repwd.getText().toString().isEmpty()) {
            MyToast.showText("账号、密码不能为空");
            return;
        }
        if (!et_repwd.getText().toString().equals(et_pwd.getText().toString())) {
            MyToast.showText("两次密码不一致");
            return;
        }

        register();//调用注册接口，注册账号
    }
});
```

图 7-30　调用注册网络请求

4）注册网络请求实现。通过封装好的 OKhttp 网络框架，以 json 的数据格式向后台服务器传输注册所需要的用户名、密码、APP 标识、项目地址以及对应的接口 url（APP 标识、项目地址以及接口 url 均为后台提供），以实现账号的注册，如图 7-31 所示。

```java
private void register() {
    JSONObject jsonObject = new JSONObject();
    try {
        jsonObject.put(name: "loginName", et_account.getText().toString());
        jsonObject.put(name: "loginPwd", et_pwd.getText().toString());
        jsonObject.put(name: "appCode", value: "BSmmVoAussCwLaoq");//APP标识
        jsonObject.put(name: "publishLocation", ApiService.PROJECT_URL);//项目地址
    } catch (JSONException e) {
        e.printStackTrace();
    }
    MyHttpUtil.getInstance(RegisterAct.this)
            .getOkHttpClient()
            .post()
            .url(url)
            .jsonParams(jsonObject.toString())
            .tag(this)
```

图 7-31　账号注册

网络请求实现的方法主要有两个，一个是 onFailure（）方法，主要用于调用接口注册失败时，查看错误的反馈信息；另外一个为 onSuccess（）方法，这个方法用于调用接口成功时，在里面处理对应的逻辑，如图 7-32 所示。

```java
@Override
public void onFailure(int statusCode, String error_msg) {
    super.onFailure(statusCode, error_msg);
    MyToast.showText(error_msg);
}


@Override
public void onSuccess(int statusCode, String response) {
    super.onSuccess(statusCode, response);
    RegisterData registerData = GsonUtil.parseJsonWithGson(response, RegisterData.class);
    if (registerData.getType().equals("success")) {
        MyToast.showText("注册成功");
        startActivity(LoginAct.class);
        finish();
    } else {
        MyToast.showText(registerData.getContent());
    }
}
```

图 7-32　网络请求的方法

根据后台给出的返回 json 数据格式，编写实体类 RegisterData，使用以 Gson 插件封装好的工具 GsonUtil 解析注册成功返回的数据并存在 registerData 中。如果 registerData. getType（）获取到的值为"success"，则代表注册成功，注册成功后界面跳转到登录页。

同样的，在 res/layout 下创建名为 activity_login. xml 布局界面，并添加对应代码，完成登录界面的设计。

步骤 3：完成登录界面设计后，在 java/share/activity 下创建名为"LoginAct"的类文件，并使其继承 BaseActivity 基类，编写代码实现登录功能。

1）按照需求，在进入软件时，显示登录界面，并在此界面登录软件，需要用到的一些

动态权限在此页面获取。获取动态权限的类 PermissionUtils 存放在 utils 文件夹下,直接调用即可,如图 7-33 所示。

图 7-33　权限调用

2)监听登录、忘记密码和注册按钮的单击事件,输入账号、密码后,单击"登录"按钮,如果账号、密码格式符合要求,则保存账号、密码到本地,并调用登录的接口,把登录所需的参数传输到后台服务器,通过服务器校验核实后,返回登录状态以及相对应的数据到 APP 上。若选择忘记密码或者注册的按钮,则跳转到对应的界面。代码实现如图 7-34 所示。

图 7-34　动作机制

调用登录接口主要有三个方法,分别为 onFailure( )、onProgress( )、onSuccess( )。其中 onProgress( ) 代表接口调用进度;onFailure( ) 代表接口调用失败,在调用失败时,通过 Toast( ) 的方法,把错误信息显示在手机上;onSuccess( ) 代表接口调用成功,在调用成功后,通过 Toast( ) 的方法,把成功信息显示在手机上并保存返回的用户 ID 以及项目 ID 到本地。

3)监听"保存密码"按钮,并获取当前按钮状态,如果"保存密码"按钮是选中状态,则把保存的账号与密码填充到账号、密码栏。代码实现如图 7-35 所示。

当在登录界面单击忘记密码时,则跳转到重置密码界面。在 res/layout 下创建名为 activity_reset_pwd. xml 的布局界面,并添加对应代码,完成重置密码界面的设计。

同样,跟注册账号流程一样,在需要修改账号位置输入账号,并输入新的密码和确认密码,单击"提交"按钮,调用对应的重置密码接口,就可以实现密码的重置功能。

```
//获取记住密码按钮状态
cb_save_pwd.setChecked(SPUtil.getInstance(LoginAct.this).getSettingParam(SAVE_FLAG, defValue:false));
if (SPUtil.getInstance(LoginAct.this).getSettingParam(SAVE_FLAG, defValue:false)) {
    et_login_account.setText(SPUtil.getInstance(LoginAct.this).getSettingParam(ACCOUNT, defValue:""));
    et_login_pwd.setText(SPUtil.getInstance(LoginAct.this).getSettingParam(PASSWORD, defValue:""));
}
cb_save_pwd.setOnCheckedChangeListener(new CompoundButton.OnCheckedChangeListener() {
    @Override
    public void onCheckedChanged(CompoundButton compoundButton, boolean b) {
        if (b) {
            save_flag = true;
        } else {
            save_flag = false;
        }
        SPUtil.getInstance(LoginAct.this).setSettingParam(SAVE_FLAG, save_flag);
    }
});
```

图 7-35　监听"保存密码"按钮

7.2.4　个人中心

个人中心模块主要包括了我的钱包、骑行记录、常见问题（可根据需求自行添加）以及设置页模块入口（右上角齿轮图标）。下面将从我的钱包、骑行记录这两个主要功能做详细的功能分析及讲解。个人中心界面如图 7-36 所示。

1. 我的钱包

在个人中心页面选择"我的钱包"按钮后，进入到"我的钱包"详情页面，内容包括总余额、充值余额、赠送余额、去充值按钮与查看充值明细选项，如图 7-37 所示。

图 7-36　个人中心界面　　　　　　　　　　　　　　图 7-37　我的钱包

进入"我的钱包"界面后，调用对应的获取钱包余额接口，并在界面上显示出来。单击"去充值"按钮跳转到对应的充值界面，选择需要充值的面额，提交充值后调用充值接口，则可完成充值功能。充值界面如图7-38所示。

在"我的钱包"页面，单击"查看充值明细"选项，即可跳转到"充值记录"页面，可查询历史充值记录时间和金额。

充值记录界面使用到 RecyclerView 控件，用于实现充值记录列表显示，其布局界面包括两个 xml 布局文件，一个是 activity_recharge_record，作为列表外层控件，另一个是 activity_recharge_record_item，作为列表中每个元素的子控件。这两个 xml 文件创建步骤如下：

步骤1：在 res/layout 下创建名为 activity_recharge_record 的 xml 文件，作为列表外层控件，代码如下：

图7-38 充值界面

```
< ? xml version = "1.0" encoding = "utf-8"? >
<LinearLayout xmlns:android = "http://schemas. android. com/apk/res/android"
    android:layout_width = "match_parent"
    android:layout_height = "match_parent"
    android:orientation = "vertical" >

    <xunfang. com. sharebike. custom. NormalTitleBar
        android:id = "@ + id/title_bar"
        android:layout_width = "match_parent"
        android:layout_height = "@dimen/immersion_title_height"
        android:background = "@mipmap/h_bg" />

    < android. support. v7. widget. RecyclerView
        android:id = "@ + id/record_list"
        android:layout_width = "match_parent"
        android:layout_height = "match_parent"
        android:layout_marginTop = "15dp" />

</LinearLayout >
```

步骤2：在 res/layout 下创建名为 activity_recharge_record_item 的 xml 文件，作为列表中每个元素的子控件，代码如下：

```
< ? xml version = "1.0" encoding = "utf-8"? >
<LinearLayout xmlns:android = "http://schemas. android. com/apk/res/android"
    android:layout_width = "match_parent"
    android:layout_height = "match_parent"
    android:orientation = "vertical" >
```

```
<LinearLayout
    android:layout_width = "match_parent"
    android:layout_height = "wrap_content"
    android:layout_marginTop = "@dimen/margin_10"
    android:orientation = "horizontal" >

    <TextView
        android:id = "@ + id/tv_date"
        android:layout_width = "wrap_content"
        android:layout_height = "35dp"
        android:layout_marginLeft = "@dimen/margin_20"
        android:gravity = "center"
        android:text = "9-13"
        android:textSize = "@dimen/font_16" / >

    <TextView
        android:id = "@ + id/tv_value"
        android:layout_width = "match_parent"
        android:layout_height = "wrap_content"
        android:layout_marginRight = "@dimen/margin_20"
        android:gravity = "center_vertical |right"
        android:text = "100 元"
        android:textSize = "@dimen/font_18" / >

    <View
        android:layout_width = "match_parent"
        android:layout_height = "20dp" / >

</LinearLayout >

</LinearLayout >
```

　　步骤3：界面创建完成后，在 java/share 下创建一个名为 adapter 的文件夹，在文件夹内新建一个名为 RechargeRecordAdapter 的类作为适配器。在 java/share 下的 activity 文件夹内创建名为 RechargeRecordAct 的充值记录代码实现类，在进入充值记录界面时，调用获取充值记录的接口，获取返回的数据，并以 arraylist 数组格式存放，通过 RechargeRecordAdapter 适配器将数据显示在充值记录页面上。

2. 骑行记录

　　在个人中心界面选择"骑行记录"按钮后，进入到"我的行程"列表页面，内容包括日期、骑行时间和花费金额，效果如图 7-39 所示。

　　骑行记录界面，使用到 RecyclerView 控件，用于实现骑行记录列表显示，其布局界面包括两个 xml 布局文件，一个是 activity_run_record，作为列表外层控件，另一个是 activity_run_record_item，作为列表中每个元素的子控件。骑行记录列表的实现与充值记录列表的实现是一样的。当单击单条记录时，跳转到行程详情，并把车辆编号、骑行时间、骑行费用传输到详情界面并显示出来，效果如图 7-40 所示。

图 7-39　我的行程　　　　　　　　　　　　图 7-40　行程详情

7.2.5　设置

设置模块主要包括性别、年龄、修改密码三个功能。下面将从这三个主要功能做详细的分析及讲解。个人中心设置界面如图 7-41 所示。

步骤 1：选择"性别"后，会跳转到性别设置页面，如图 7-42 所示，选择需要的性别，单击"提交"按钮，提交信息到后台服务器，若修改成功，后台会返回"修改成功"并显示在页面上。

步骤 2：选择"年龄"后，会跳转到年龄设置页面，如图 7-43 所示，输入年龄，单击"提交"按钮，提交信息到后台服务器，若修改成功，后台会返回"修改成功"并显示在页面上。

步骤 3：选择"修改密码"后，会跳转到修改密码页面，如图 7-44 所示，输入密码并确认密码，单击"提交"按钮，提交信息到后台服务器，若修改成功，后台会返回"修改成功"并显示在页面上。

步骤 4：修改密码界面和忘记密码后重置密码的界面为同一个界面，因此需要增加一个界面跳转标识，以便于区别"重置密码"与"修改密码"两个功能，跳转标识如图 7-45 所示。

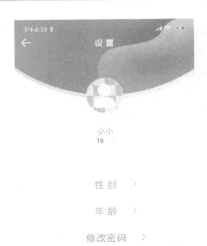

图 7-41　设置界面

图 7-42　性别设置

图 7-43　年龄设置

图 7-44　修改密码

```
case R. id. layout_change_password:
    Bundle bundle = new Bundle();
    bundle. putString("from", "set");
    startActivity(ResetPwdAct.class, bundle);
    break;
```

图 7-45　跳转标识

步骤 5：在接收类 ResetPwdAct 里，建一个名为 form 的 String 变量，接收传过来的标识，如果标识存在，则为修改密码，并在界面显示对应的信息，如果标识不存在，则显示重置密码的界面信息。代码实现如图 7-46 和图 7-47 所示。

```
Bundle bundle = getIntent().getExtras();
if (bundle != null) {
    from = bundle.getString( key: "from");
    layout_reset_pwd_account.setVisibility(View.GONE);
}else {
    layout_reset_pwd_account.setVisibility(View.VISIBLE);
}
```

图 7-46　修改密码

```
if (from != null) {
    title_bar.setTitleText("修改密码");
} else {
    et_reset_account.setVisibility(View.VISIBLE);
    title_bar.setTitleText("重置密码");
}
```

图 7-47　重置密码

7.2.6　扫描用车

扫描用车界面包括调用百度地图数据、二维码扫描、蓝牙连接三个方面，下面将从这三个方面逐一介绍并实现扫描用车。

步骤 1：调用百度地图数据。

扫码用车主界面，是由顶部标题栏以及下面部分地图组成的，效果如图 7-48 所示。

这里用的是百度地图，百度地图详细使用说明请参考百度地图开放平台的相关资料。

步骤 2：二维码扫描。

在扫描用车主界面，单击"扫描用车"按钮，跳转到二维码扫描界面，扫描车锁上二维码，完成二维码识别。二维码扫码界面如图 7-49 所示。

步骤 3：扫码功能具体实现如图 7-50 所示。

图 7-48　扫码用车主界面

图 7-49　二维码扫描界面

```
//扫描框
compile 'com.google.zxing:core:3.3.0'
compile 'cn.bingoogolapple:bga-qrcodecore:1.1.8@aar'
compile 'cn.bingoogolapple:bga-zxing:1.1.8@aar'
```

图 7-50　扫码功能

步骤 4：在 res/layout 下创建名为 "activity_scan" 的 xml 文件，在里面添加如下代码完成布局。

```xml
<? xml version = "1.0" encoding = "utf-8"? >
<LinearLayout xmlns:android = "http://schemas.android.com/apk/res/android"
    xmlns:app = "http://schemas.android.com/apk/res-auto"
    android:layout_width = "match_parent"
    android:layout_height = "match_parent"
    android:orientation = "vertical" >

    <FrameLayout
        android:layout_width = "match_parent"
        android:layout_height = "match_parent" >
```

```xml
<cn.bingoogolapple.qrcode.zxing.ZXingView
    android:id="@+id/scan_view"
    android:layout_width="match_parent"
    android:layout_height="match_parent"
    app:qrcv_animTime="1500"
    app:qrcv_barCodeTipText=""
    app:qrcv_barcodeRectHeight="0dp"
    app:qrcv_borderColor="@android:color/white"
    app:qrcv_borderSize="0dp"
    app:qrcv_cornerColor="#026dda"
    app:qrcv_cornerLength="20dp"
    app:qrcv_cornerSize="5dp"
    app:qrcv_customScanLineDrawable="@mipmap/saomiaoxian"
    app:qrcv_isBarcode="false"
    app:qrcv_isCenterVertical="true"
    app:qrcv_isOnlyDecodeScanBoxArea="false"
    app:qrcv_isScanLineReverse="false"
    app:qrcv_isShowDefaultGridScanLineDrawable="false"
    app:qrcv_isShowDefaultScanLineDrawable="true"
    app:qrcv_isShowTipBackground="true"
    app:qrcv_isShowTipTextAsSingleLine="false"
    app:qrcv_isTipTextBelowRect="true"
    app:qrcv_maskColor="@color/alpha_55_black"
    app:qrcv_qrCodeTipText="建议使用蓝牙,开锁更便捷"
    app:qrcv_rectWidth="220dp"
    app:qrcv_scanLineMargin="0dp"
    app:qrcv_scanLineSize="0.5dp"
    app:qrcv_tipBackgroundColor="@android:color/transparent"
    app:qrcv_tipTextColor="@android:color/white"
    app:qrcv_tipTextSize="14sp"
    app:qrcv_toolbarHeight="0dp"
    app:qrcv_topOffset="0dp" />

<xunfang.com.sharebike.custom.NormalTitleBar
    android:id="@+id/title_bar"
    android:layout_width="match_parent"
    android:layout_height="70dp" />

<LinearLayout
    android:layout_width="match_parent"
    android:layout_height="wrap_content"
    android:layout_gravity="bottom"
    android:layout_marginBottom="@dimen/margin_40"
    android:gravity="center"
```

```
            android:orientation = "horizontal" >

            <TextView
                android:id = "@ + id/tv_bluetooth"
                android:layout_width = "wrap_content"
                android:layout_height = "wrap_content"
                android:drawablePadding = "5dp"
                android:drawableTop = "@mipmap/buletooth_w"
                android:text = "打开蓝牙"
                android:textColor = "@color/color_white"
                android:textSize = "@dimen/font_12" / >

            <TextView
                android:id = "@ + id/tv_light"
                android:layout_width = "wrap_content"
                android:layout_height = "wrap_content"
                android:layout_marginLeft = "80dp"
                android:drawablePadding = "5dp"
                android:drawableTop = "@mipmap/light_w"
                android:text = "打开手电筒"
                android:textColor = "@color/color_white"
                android:textSize = "@dimen/font_12" / >
        </LinearLayout >
    </FrameLayout >
</LinearLayout >
```

步骤 5：界面布局完成后，在 java 下添加名为 ScanAct 的类，使之继承 BaseActivity，并实现 QRCodeView. Delegate 接口。

进入到扫描界面时，首先需要获取相机权限、读写权限、手机振动权限，并开启识别功能，显示扫描框，使用代理实现二维码信息读取。代码如图 7-51 所示。

实现接口的两个方法中，onScanQRCodeSuccess ( ) 为获取扫描结果，onScanQRCode-

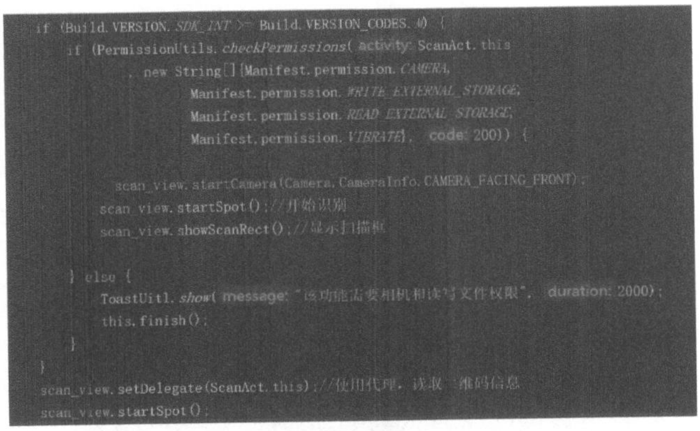

图 7-51 代理读取

OpenCameraError() 为打开相机识别失败。当获取到扫描结果时，上传扫描结果到后台服务器，判断该车辆当前状态是否为可用车辆，如果是则连接蓝牙，并发送开锁指令。

步骤6：连接蓝牙设备。

Android 手机的低功耗蓝牙又称 BLE，BLE 在 Andriod 4.3 以上才支持，又称蓝牙 4.0，区别于经典蓝牙，BLE 功耗低。手机是否支持低功耗蓝牙，主要取决于手机硬件，所以使用前，需要先判断手机是否支持低功耗蓝牙。蓝牙的使用需要注意以下几个方面：

1）判断手机是否支持低功耗蓝牙，如果不支持，则退出当前界面。低功耗蓝牙判断代码如图 7-52 所示。

```java
// 检查当前手机是否支持低功耗蓝牙，如果不支持退出程序
if (!getPackageManager().hasSystemFeature(PackageManager.FEATURE_BLUETOOTH_LE)) {
    Toast.makeText(context: this, R.string.ble_not_supported, Toast.LENGTH_SHORT).show();
    finish();
}
```

图 7-52　低功耗蓝牙判断

2）获取 Bluetooth 的 adapter，adapter 为 null，证明设备无蓝牙，初始化蓝牙的 adapter 代码如图 7-53 所示。

```java
// 初始化 Bluetooth adapter, 通过蓝牙管理器得到一个参考蓝牙适配器
// (API必须在以上android4.3或以上和版本)
final BluetoothManager bluetoothManager =
        (BluetoothManager) getSystemService(Context.BLUETOOTH_SERVICE);
mBluetoothAdapter = bluetoothManager.getAdapter();

// 检查设备是否支持蓝牙
if (mBluetoothAdapter == null) {
    Toast.makeText(context: this, R.string.error_bluetooth_not_supported,
            Toast.LENGTH_SHORT).show();
    finish();
    return;
}
```

图 7-53　初始化蓝牙的 adapter

3）判断设备是否已经开启蓝牙，若没开启，则提示用户开启蓝牙。提示代码如图 7-54 所示。

```java
// 为了确保设备上蓝牙能使用，如果当前蓝牙设备没启用，
// 弹出对话框向用户要求授予权限来启用
if (!mBluetoothAdapter.isEnabled()) {
    Handler handler = new Handler();
    handler.postDelayed(new Runnable() {
        @Override
        public void run() {
            useBikePop(str: "该功能需要开启蓝牙");
            scan_view.stopSpot();//停止识别
        }
    }, delayMillis: 500);
}
```

图 7-54　提示代码

4）开启蓝牙，代码如图7-55所示。

```
//开启蓝牙
Intent enableBtIntent = new Intent(BluetoothAdapter.ACTION_REQUEST_ENABLE);
startActivityForResult(enableBtIntent, REQUEST_ENABLE_BT);
```

图7-55 开启蓝牙

5）开启蓝牙服务，代码如图7-56所示。

```
Intent gattServiceIntent = new Intent( packageContext: this, BluetoothLeService.class);
bindService(gattServiceIntent, mServiceConnection, BIND_AUTO_CREATE);
```

图7-56 开启蓝牙服务

6）接收蓝牙状态反馈，代码如图7-57所示。

```
@Override
protected void onActivityResult(int requestCode, int resultCode, Intent data) {
    if (requestCode == REQUEST_ENABLE_BT && resultCode == Activity.RESULT_CANCELED) {
        finish();
        return;
    }
    super.onActivityResult(requestCode, resultCode, data);
}
```

图7-57 状态反馈

7）扫描蓝牙设备，代码如图7-58所示。

```
@RequiresApi(api = Build.VERSION_CODES.JELLY_BEAN_MR2)
private void scanLeDevice(final boolean enable) {
    if (enable) {
        // Stops scanning after a pre-defined scan period.
        mHandler.postDelayed(new Runnable() {
            @RequiresApi(api = Build.VERSION_CODES.JELLY_BEAN_MR2)
            @Override
            public void run() {
                mScanning = false;
                mBluetoothAdapter.stopLeScan(mLeScanCallback);
            }
        }, SCAN_PERIOD);
        mScanning = true;
        mBluetoothAdapter.startLeScan(mLeScanCallback);
    } else {
        mScanning = false;
        mBluetoothAdapter.stopLeScan(mLeScanCallback);
    }
}
```

图7-58 扫描蓝牙设备

8）蓝牙搜索回调，如果搜索到的设备名字跟扫描到的车一样，则配对连接蓝牙。蓝牙搜索回调代码如图7-59所示。

图7-59　蓝牙搜索回调

9）当蓝牙连接成功后，以广播的形式接收蓝牙设备返回到手机的信息，代码如图7-60所示。

图7-60　信息回传

10）收到的数据若为锁已打开，则调用行程接口，通过后台服务器返回成功状态，跳转到行程中界面，开启行程。

7.2.7　故障报修、结束行程

在行程中，可以选择故障报修以及结束行程两个功能。行程中的界面如图7-61所示。

步骤1：故障报修。

在行程中，选择"故障报修"按钮时，跳转到故障报修页面，选择需要报修的车辆部位，单击"提交报修"按钮，调用后台接口，上传数据到后台服务器，等待后台返回结果即可，故障车详情界面如图7-62所示。

图 7-61　单车行程中的界面

图 7-62　故障车详情界面

步骤 2：行程结算。

在行程中，选择"结束行程"按钮时，跳转到费用结算页面，如图 7-63 所示，单击"支付"按钮，调用后台接口，上传数据到后台服务器，等待后台返回结果即可。

图 7-63　费用结算

任务7.3 共享单车应用系统综合调试

共享单车应用设计是让学生独立完成从平台的创建到共享单车 APP 的开发，最后进行调试的整个过程，更充分地了解开发共享单车的过程。

本任务旨在让学生更好地理解系统调试的意义，了解共享单车的业务流程以及系统调试的步骤。

7.3.1 共享单车系统功能认知

系统综合调试是指在开发完成之后，对产品的功能进行测试，因此在测试之前要充分了解共享单车的功能。共享单车主要设计功能见表 7-1。

表 7-1 共享单车功能表

功能模块	主要功能
用户终端	用户注册
	用户登录
	密码修改
	个人信息设置
	用户充值
	查询骑行记录
	扫码开锁
	单车报修
	关车结算
管理员端	管理员登录
	新增车辆
	删除车辆
	故障处理

步骤 1：用户注册。用户注册过程如下：

1）用户首次使用需下载共享单车 APP，打开 APP，弹出"共享单车需使用相机权限，是否允许""共享单车需使用存储权限，是否允许""共享单车需要使用您的位置权限，是否允许""共享单车需要使用电话权限，是否允许"，全部选择"始终允许"即可。

2）用户在页面上单击"注册"按钮，在注册页面输入注册信息，单击"注册"按钮。

3）注册信息将发送到后台，后台对用户填写的注册信息进行存储，并返回注册结果至用户终端——提示"注册成功"并返回登录页。

步骤 2：用户登录。用户登录过程如下：

1）打开共享单车 APP，输入账号、密码，单击"登录"按钮。

2）登录信息将发送至后台，后台验证是否有此用户的注册信息并对注册信息进行核实。

① 若有该用户注册信息且账号、密码匹配，则返回登录结果至用户终端——跳转到扫码主页面。

② 若有该用户注册信息但账号、密码不匹配，不存在该用户，则返回登录结果至用户终端——提示"账号、密码错误"。

步骤3：密码修改。密码修改包含已知现有密码的情况下对密码进行修改和登录时忘记现有密码的情况下对密码进行修改。密码修改具体过程如下：

1）已知现有密码。已知现有密码的情况下是用户登录之后在"设置"下进行密码修改。

2）登录时忘记密码。登录时忘记现有密码的情况下对密码的找回或修改在用户终端APP 的登录页面完成。打开手机 APP，在登录页单击"忘记密码"按钮，输入账号后，重新输入密码，然后再次确认密码。单击"提交"按钮，若两次密码填写一致，则返回"修改成功"。

步骤4：个人信息设置。个人信息设置过程如下：用户登录之后，在"设置"界面进行个人信息的设置，包括性别设置和年龄设置。后台收到后进行存储，用户端在设置界面显示个人信息。

步骤5：用户充值。用户充值在用户端的"我的钱包"完成，过程如下：

1）打开共享单车 APP 并成功登录，单击左上角齿轮图标，单击"我的钱包"按钮跳转至显示当前余额信息页面。

2）单击"去充值"按钮，选择充值金额，单击"充值"按钮，充值成功后返回"充值成功"，并跳转到"我的钱包"界面。

步骤6：查询骑行记录。在"骑行记录完成"中查询骑行记录，过程如下：

打开共享单车 APP，单击左上角齿轮图标，单击"骑行记录"按钮跳转至"我的行程"界面，可查看骑行记录。

步骤7：扫码开锁。扫码开锁在用户端主页面完成，具体过程如下：

打开共享单车 APP，登录之后，单击"扫码开锁"按钮，将扫码框对着二维码扫描，扫描后将车锁信息传送给后台，后台对车锁状态进行验证。

1）若验证无该车锁信息、该车为报修尚未处理的损坏车辆，则返回开锁结果至用户终端，提示"您好，当前车辆正在报修当中，请换一辆车"。

2）若验证该车正在被使用中，则返回开锁结果至用户终端，提示"您好，当前车辆正在使用中"。

3）若验证确有该车，则返回至用户终端，提示"是否打开蓝牙"，选择"是"。

步骤8：单车报修。单车报修包含两部分，一部分为用户对单车报修，另一部分为管理员对报修车辆处理。

（1）用户报修在用户终端 APP 的"故障报修"中完成

1）打开共享单车 APP 并成功登录，扫码开锁后，会进入使用车辆界面，单击"故障报修"按钮。

2）在车辆报修界面中，选择平台存储报修信息并对该车锁进行标记，同时返回报修结果至用户终端，提示"报修成功"。

3）在维修未完成前用户无法对该锁进行开锁操作，当扫码对该锁进行开锁操作时，将返回报错信息至用户终端，提示"维修中"。

（2）管理员处理报修订单是在管理员终端上完成的

1）打开共享单车管理版 APP，输入管理员用户名、密码等信息完成登录。

2）单击"故障处理"图标，跳转出用户报修信息，查看报修信息并进行维修。

3）当车辆维修好后将修理结果发送至平台，平台存储修理信息并返回结果，将报修信息转移至"已完成修理"页面中。

7.3.2 手机 APP 扫码开锁操作

在 7.3.1 节中已经了解到了共享单车 APP 的功能，本节将一起体验共享单车 APP 的扫码功能。需要把嵌入式代码烧写到物联网认证实验箱中，将开发好的 APP 下载到手机里，在物联网云服务开发平台上创建一个管理员账号，新增车辆之后，用户端方可用车。

步骤 1：管理端功能操作。

打开"NB 单车管理"APP，输入平台创建的账号、密码，登录成功后的界面如图 7-64 所示。

在管理员主页看到的三个图标即是管理端的功能。单击"新增车辆"按钮，会进入扫码界面，将手机对着二维码扫描即可。单击"删除车辆"按钮可对报废的车辆进行删除操作。若用户报修车辆，则单击"故障处理"按钮，进入到故障车辆列表，选择要处理的车辆，跳转到故障车详情页。在故障车修好之后，单击"无故障"按钮，用户可以扫码用车；若是已无法维修，则单击"报废"按钮，用户不可以继续扫码用车，如图 7-65 所示。

图 7-64 管理员主页

图 7-65 故障处理

步骤 2：用户端操作。

1）用户注册。打开共享单车用户端 APP，单击登录页的"注册"按钮，输入账号和密码，单击"注册"按钮，输入注册信息，单击"注册"按钮即可成功注册，后台对注册信息进行存储，如图 7-66 所示。

图 7-66　用户注册

2）用户登录。打开共享单车用户端 APP，输入已注册的账号和密码之后，单击"登录"按钮跳转到用户端主页面，如图 7-67 所示。

3）密码修改。忘记原有密码时，打开共享单车 APP，单击登录页的"忘记密码"按钮，跳转到重置密码页面，如图 7-68 所示，在此页面完成密码重置。

图 7-67　用户端主页面

图 7-68　重置密码

已知现有密码，登录共享单车 APP，单击主页右上角的"设置"按钮，进入到设置界面，单击"修改密码"按钮，进入修改密码页面，如图 7-69 所示，在此页面完成密码修改。

图 7-69　修改密码

4）个人信息设置。登录共享单车 APP，单击主页右上角的"设置"按钮，进入到设置界面，如图 7-70 所示，单击"性别"按钮、"年龄"按钮即可修改个人信息。

图 7-70　个人信息设置

5）用户充值。登录共享单车 APP，单击在用户主页左上角的图标，选择"我的钱包"按钮跳转到充值界面，单击"去充值"按钮，选择充值面额，单击"充值"按钮，完成用户充值，如图 7-71 所示。

图 7-71　用户充值

6）扫码开锁。单击"扫描用户"按钮，将扫描框对着二维码扫码用车，车辆不存在报修的情况下，可成功扫码用车，页面跳转到骑行页面，物联网认证实验箱的电子锁相当于车锁，用户开锁后车锁会响一声，车锁打开后进入骑行界面，如图 7-72 所示。

7）关锁结算。若用户正常骑行结束后，单击"结束行程"按钮跳转到费用结算页面，如图 7-73 所示。

8）故障报修。若车辆存在问题，则单击"故障报修"按钮，跳转到车辆报修详情页面，如图 7-74 所示。选择要报修的部位，填写故障车详情，单击"提交"按钮，返回"报修成功"。

9）查看行程。若用户想查看自己的行程，则单击在用户主页左上角的图标，选择"骑行记录"即可，可以选择相应的骑行时间查看具体的行程详情，如图 7-75 所示。

图 7-72　骑行界面

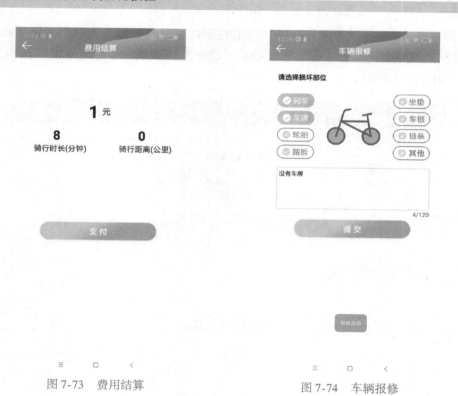

图 7-73　费用结算　　　　　　　　　　图 7-74　车辆报修

图 7-75　查看骑行数据

项 目 小 结

本项目主要讲解了系统调试是在开发之后进行的，在测试阶段，需要了解产品的功能，才能更好地进行测试。主要包括以下几点：

1. 系统调试，在测试阶段应该注意 APP 在实际使用过程中的操作。
2. 在实际操作中新建一个共享单车项目所需的主要步骤。

 思考题与习题

1. 物联网云服务开发平台与 APP 之间的接口是唯一的吗？
2. 测试过程中需要注意哪些地方？
3. 登录共享单车的时候，不打开 GPS 可以扫码骑车吗？

参 考 文 献

[1] 吴细刚. NB-IoT 从原理到实践 [M]. 北京：电子工业出版社，2017.

[2] 江林华. 5G 物联网及 NB-IoT 技术详解 [M]. 北京：电子工业出版社，2018.

[3] 解运洲. NB-IoT 技术详解与行业应用 [M]. 北京：科学出版社，2017.

[4] 张阳，王西点，等. 万物互联 NB-IoT 关键技术与应用实践 [M]. 北京：机械工业出版社，2017.

[5] 戴博，袁弋非，余媛芳. 窄带物联网（NB-IoT）标准与关键技术 [M]. 北京：人民邮电出版社，2016.

[6] 黄宇红，杨光，等. NB-IoT 物联网技术解析与案例详解 [M]. 北京：机械工业出版社，2018.